工业和信息化"十三五"
人才培养规划教材

软件测试
管理与实践

Software Testing Management and Practice

赵聚雪 杨鹏 ◎ 主编

人 民 邮 电 出 版 社
北 京

图书在版编目（CIP）数据

软件测试管理与实践 / 赵聚雪，杨鹏主编. -- 北京：人民邮电出版社，2018.5（2024.2 重印）
工业和信息化“十三五”人才培养规划教材
ISBN 978-7-115-47769-9

Ⅰ. ①软… Ⅱ. ①赵… ②杨… Ⅲ. ①软件开发－程序测试－高等学校－教材 Ⅳ. ①TP311.55

中国版本图书馆CIP数据核字(2018)第061165号

内 容 提 要

本书较为全面地介绍了软件测试的相关理论和工具，内容翔实，可操作性强，简明易懂。本书从实用角度出发，重点培养学生解决实际问题的能力。

全书共 11 章，主要包括测试流程管理、测试需求分析、测试计划制订、测试用例编写、测试执行、测试缺陷提交、测试报告编写、测试团队建立、测试管理工具应用等内容。

本书以理论讲解、工具实训、项目实践三条线贯穿。读者通过学习可以理解相关的理论方法；通过工具实训掌握具体的操作方法；通过项目实践会应用所学的理论和工具。书中设计了 6 个工具实训任务、8 个项目实践任务、若干理论练习题来辅助读者掌握软件测试管理的具体理论、方法和工具。除此之外，理论和工具实训都引用教学项目“在线课程作业管理系统”，并在第 11 章给出了该项目实践的关键文档，同时在附录中给出了软件测试项目开展过程中经常使用的典型模板，供读者参考。

本书可以作为高校计算机相关专业软件测试相关课程的教材，也可以作为想从事软件测试工作的自学者的参考书。建议阅读本书之前先了解与软件测试基础相关的测试概念、用例设计方法等内容。

◆ 主　　编　赵聚雪　杨　鹏
　责任编辑　左仲海
　责任印制　马振武

◆ 人民邮电出版社出版发行　　北京市丰台区成寿寺路 11 号
　邮编　100164　　电子邮件　315@ptpress.com.cn
　网址　http://www.ptpress.com.cn
　北京联兴盛业印刷股份有限公司印刷

◆ 开本：787×1092　1/16
　印张：12.75　　　　2018 年 5 月第 1 版
　字数：307 千字　　　2024 年 2 月北京第 13 次印刷

定价：39.80 元

读者服务热线：(010)81055256　印装质量热线：(010)81055316
反盗版热线：(010)81055315
广告经营许可证：京东市监广登字 20170147 号

前　言 FOREWORD

党的二十大报告指出："建设现代化产业体系，坚持把发展经济的着力点放在实体经济上，推进新型工业化，加快建设制造强国、质量强国、航天强国、交通强国、网络强国、数字中国。"软件作为新一代信息技术的灵魂，是中国数字经济发展的基础，也是制造强国、网络强国和数字中国等重大战略的支撑。软件测试是软件质量保障的重要手段。

本书贯彻党的二十大精神，注重立德树人，重点培养读者的软件测试实践能力和软件测试工程师岗位职业素养。"质量强则国家强，质量兴则民族兴"，通过认识质量和质量管理，培养读者的质量意识与精益求精的工匠精神；通过项目化训练培养读者的工程思维与协作意识；通过测试报告环节培养读者遵守规范、执行标准、尊重数据和事实的职业精神。

软件测试项目实践涉及软件测试过程中的相关工作，是软件测试工程师、软件项目经理、软件测试经理的典型工作任务，是软件测试工程师必须要具备的技能，也是计算机相关专业的重要课程。在软件测试项目开展过程中，测试任务的划分往往是按照功能模块或者测试类型进行的。测试工程师要管理所负责部分的测试需求、方案、用例、执行以及缺陷提交和总结报告，因此，测试工程师的日常工作包含了软件测试流程中的大部分工作。

建议阅读本书之前先了解与软件测试基础相关的测试概念、用例设计方法等内容。本书以训练读者的软件测试项目实践能力为目标，全面地介绍了软件测试的相关理论和工具，内容翔实，可操作性强，简明易懂。本书主要包括测试流程管理、测试需求分析、测试计划制订、测试用例编写、测试执行、测试缺陷提交、测试报告编写、测试团队建立、测试管理工具应用等内容。全书从实用角度出发，重点培养学生利用理论和工具动手解决实际问题的能力。

通过理论学习、工具实训、项目实践，读者不仅能够掌握软件测试相关的理论，还要掌握相关工具以及操作方法，更重要的是能够通过项目实践获取将理论和工具应用到具体的项目中的能力，最终具备解决实际问题的能力。

本书的参考学时为 46 ~ 60 学时，建议采用理论实践一体化教学模式，各章的参考学时见下面的学时分配表。

学时分配表

章	课 程 内 容	学 时
第 1 章	软件测试管理概述	2
第 2 章	软件测试流程管理	2 ~ 4
第 3 章	测试需求分析	8 ~ 10
第 4 章	测试计划	8 ~ 10
第 5 章	测试用例设计和管理	6 ~ 8
第 6 章	测试缺陷管理及分析	8 ~ 10
第 7 章	测试执行和报告	6 ~ 8
第 8 章	测试组织管理	2
第 9 章	测试相关的其他过程	2 ~ 4
第 10 章	ALM 实践应用	2
课时总计		46 ~ 60

本书关于软件质量模型、软件测试模型部分的介绍引用了相应理论的经典图片，此部分只用于教学使用，不做商业用途使用。

本书由赵聚雪、杨鹏主编，赵聚雪编写了理论部分的第 1、2、3、4、6、8、9 章，以及第 10 章的 ALM 工具实训部分；杨鹏编写了理论部分的第 5、7 章，以及第 11 章的项目实例部分、附录的项目模板部分。

由于编者水平和经验有限，书中难免有欠妥和错误之处，恳请读者批评指正。

编 者

2023 年 1 月

目 录 CONTENTS

第1章 软件测试管理概述

随着计算机应用的普及和深入，各行各业都已经离不开计算机和软件，人们的日常生活和工作对计算机和软件的依赖性也越来越大。除了不断追求硬件的更新换代，人们也越来越关注软件的质量问题。这一方面是因为软件产品的质量不好可能引起严重的经济损失，甚至直接伤害到生命或社会安全，比如一些加工控制软件和金融软件；另一方面是用户越来越重视使用体验，不仅要求软件产品“能工作”，而且要求产品能方便、快速地工作。

本章主要讲述什么是软件质量、软件项目管理和软件测试管理的关系，以及测试管理工具的选择。

本章学习目标

建设质量强国

- 理解软件质量的含义以及软件测试与软件质量的关系。
- 了解软件项目管理与软件测试管理的关系。
- 理解软件测试管理的要素。
- 了解软件测试管理工具的种类、基本功能及选择依据。

1.1 软件质量

1.1.1 软件质量的概念

从现代质量管理的角度讲，质量是客户要求或者期望的有关产品或者服务的一组特性，落实到软件上，这些特性是软件的功能、性能和安全性等。

ANSI/IEEE Std 729-1983《软件工程术语的 IEEE 标准术语表》（Glossary of Software Engineering Terminology）定义软件质量为“与软件产品满足规定的和隐含的与需求能力有关的特征或特性的全体”。软件质量反映在以下 3 个方面。

- 软件需求是度量软件质量的基础，不符合需求的软件质量不合格。
- 软件需求开发过程中，往往会有一些隐含的需求没有显式地提出来。如软件应该具备良好的可维护性。
- 软件研发的流程定义了一组开发准则和最佳实践，用来指导软件人员用工程化的方法来开发软件。如果不遵守这些开发准则，软件质量可能就得不到保证。

也就是说，为满足软件各项精确定义的功能、性能需求，需要相应地给出或设计一些质量特性及其组合，作为在软件开发与维护中的重要考虑因素。如果这些质量特性及其组合都能在产品中得到满足，则这个软件产品质量就是高的。特性是软件质量的反映，软件属性可用作评价准则，度量软件属性便可知软件质量的优劣。

1.1.2 软件质量模型

软件质量是各种特性的复杂组合，它随着应用的不同而不同，随着用户提出的质量要求不同而不同。软件产品各种质量特性的组合就叫作软件质量模型。

常见的软件质量模型有 3 种：Boehm 质量模型（1976 年）、McCALL 质量模型（1978 年）、ISO 9126 质量模型（1993 年）。

1. Boehm 质量模型

Boehm 质量模型是 1976 年由 Boehm 等人提出的分层方案，将软件的质量特性定义成分层模型（见图 1-1）。

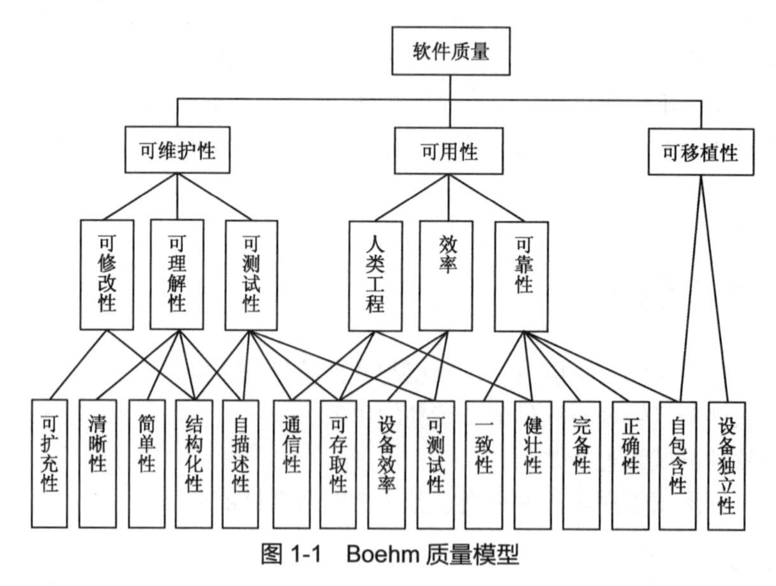

图 1-1 Boehm 质量模型

2. McCALL 质量模型

McCALL 质量模型（见图 1-2）是 1979 年由 McCall 等人提出的软件质量模型。它将软件质量的概念建立在 11 个质量特性之上，而这些质量特性分别是面向软件产品的运行、修正和转移的。

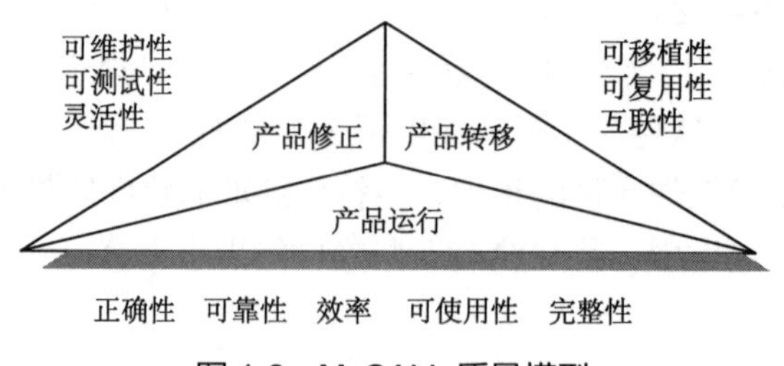

图 1-2 McCALL 质量模型

3. ISO 9126 质量模型

按照 ISO/IEC 9126-1：2001，软件质量模型可以分为内部质量模型、外部质量模型、使用质量模型。而在质量模型中又将内部质量和外部质量分成 6 个质量特性，将使用质量分成 4 个质量特性，具体见图 1-3。

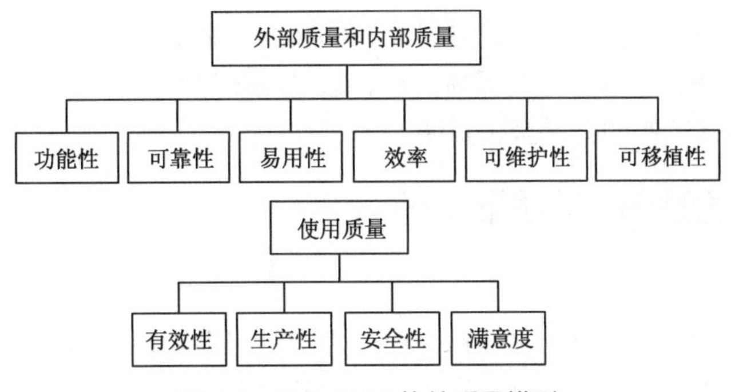

图 1-3 ISO 9126 软件质量模型

不同的软件质量模型提出了不同的软件质量特性，为了更好地理解软件质量与软件质量模型，就要弄清楚这些质量特性的含义。常见的软件质量特性及含义见表 1-1。

表 1-1 常见的软件质量特性及含义

编　号	属性名	属性含义
1	性能（Performance）	系统的响应能力，即要经过多长时间才能对某个事件做出响应，或者在某段时间内系统所能处理的事件个数
2	可用性（Availability）	系统能够正常运行的时间比例
3	可靠性（Reliability）	系统在应用或者错误面前，在意外或者错误使用的情况下维持软件系统功能特性的能力
4	健壮性（Robustness）	软件对于规范要求以外的输入情况的处理能力，健壮的系统能够对规范要求以外的输入做出判断，并且有合理的处理方式
5	安全性（Security）	系统向合法用户提供服务的同时能够阻止非授权用户使用的企图或者拒绝服务的能力
6	可修改性（Modification）	能够快速地以较高的性能价格比对系统进行变更的能力
7	可变性（Changeability）	体系结构扩充或者变更而成为新体系结构的能力
8	易用性（Usability）	衡量用户使用软件产品完成指定任务的难易程度
9	可测试性（Testability）	软件发现故障并隔离定位其故障的能力特性，以及在一定的时间或者成本前提下进行测试设计、测试执行的能力
10	功能性（Function ability）	系统所能完成期望工作的能力
11	互操作性（Inter-Operation）	系统与外界或系统与系统之间的相互作用能力

1.1.3 软件测试与软件质量

要保证软件质量，一方面要用规范化的方法和开发准则指导研发人员用工程化的方法开发软件，另一方面就是对软件进行充分的测试。

软件测试是软件质量控制中的关键活动，是软件质量保证的关键步骤。软件测试在软件生存周期中占有非常突出的位置，是保证软件质量的重要手段。

软件测试活动是有计划、有组织的活动，通过测试管理确保测试活动的顺利开展，项目的测试管理对测试工作的开展至关重要。

1.2 项目管理与软件测试管理

1.2.1 项目管理

项目管理是管理学的一个分支学科，项目管理是指在项目活动中运用专门的知识、技能、工具和方法，使项目能够在有限资源限定的条件下，实现或超过设定的需求和期望的过程。

项目管理知识体系（Project Management the Body of Knowledge，PMBOK）把项目管理分为 5 个过程及 9 个知识领域。管理过程包括输入、输出、所需工具和技术。各个过程通过各自的输入和输出相互联系，构成整个项目管理活动。

1. 项目管理的 5 个过程

① 启动。成立项目组，开始项目或进入项目的新阶段。启动是一种认可过程，用来正式认可一个新项目或新阶段的存在。

② 计划。定义和评估项目目标，选择实现项目目标的最佳策略，制订项目计划。

③ 执行。调动资源，执行项目计划。

④ 控制。监控和评估项目偏差，必要时采取纠正行动，保证项目计划的执行，实现项目目标。

⑤ 结束。正式验收项目阶段，使其按程序结束。

2. 项目管理的 9 个知识领域

① 项目集成管理（Project Integration Management）。项目集成管理是为了正确地协调项目各组成部分而进行的各个过程的集成，是一个综合性过程。其核心就是在多个互相冲突的目标和方案之间做出权衡，以便满足项目利害关系者的要求。

② 项目范围管理（Project Scope Management）。项目范围管理就是确保项目完成全部规定要做的工作，最终成功地达到项目的目的。基本内容是定义和控制列入或未列入项目的事项。

③ 项目时间管理（Project Time Management）。其作用是保证在规定时间内完成项目。

④ 项目费用管理（Project Cost Management）。项目费用管理，是为了保证在批准的预算内完成项目所必需的诸过程的全体。

⑤ 项目质量管理（Project Quality Management）。项目质量管理，是为了保证项目能够满足原来设定的各种要求。

⑥ 项目人力资源管理（Project Human Resource Management）。项目人力资源管理，是为了保证最有效地使用参加项目者的个别能力。

⑦ 项目沟通管理（Project Communications Management）。项目沟通管理，是在人、思想和信息之间建立联系，这些联系对于取得成功是必不可少的。参与项目的每一个人都必须用项目“语言”进行沟通，并且要明白个人所参与的沟通将会如何影响到项目的

整体。项目沟通管理可保证项目信息及时并准确地提取、收集、传播、存储以及最终进行处置。

⑧ 项目风险管理（Project Risk Management）。项目风险管理是指识别、分析不确定的因素，并对这些因素采取应对措施。项目风险管理要把有利事件的积极结果尽量扩大，而把不利事件的后果降到最低程度。

⑨ 项目采购管理（Project Procurement Management）。项目采购管理，是为了从项目组织外部获取货物或服务。

1.2.2 软件项目管理与软件测试项目管理

软件项目是指软件工程类的项目，具体来说，软件项目管理的根本目的是为了让软件项目尤其是大型项目的整个软件生命周期（从分析、设计、编码到测试、维护的全过程）都能在管理者的控制之下，以预定成本按期、按质地完成软件并交付用户使用。

软件测试项目是软件工程项目中的一种，是以软件测试为主要任务的项目。软件项目管理和软件测试项目管理与一般的工程项目管理有共性，但是在实际开展项目管理时因任务特点不同又有其特殊性。

1.2.3 软件测试管理的要素

测试活动贯穿于软件产品的整个生命周期，测试管理贯穿于测试的全过程。软件测试管理着眼于对软件测试的流程进行策划组织，对测试实施中的所有元素进行管理控制，确保测试活动按时保质开展。测试管理主要涉及以下内容：

- 测试过程和资产管理；
- 测试团队管理；
- 测试需求管理；
- 测试计划管理（测试规划）；
- 测试用例管理（测试设计）；
- 测试缺陷管理；
- 测试工具选择和使用；
- 测试执行和汇报管理。

1.3 测试管理工具

1.3.1 测试工具与测试管理工具的关系

软件测试工具可提高软件测试工作的效率。软件测试工具分为自动化软件测试工具和测试管理工具，所以测试管理工具是测试工具的一种。

自动化软件测试工具存在的价值是为了提高测试效率，用软件来代替一些人工输入，提高测试用例的复用率。常见的自动化软件测试工具主要有单元测试工具、性能测试工具和功能测试工具。比如功能测试工具 QTP（Quick Test Professional）、性能测试工具 Jmeter 和 LoadRunner。

1.3.2 测试管理工具的基本功能

完整的测试管理工具应该能对测试整个流程的各个环节进行管理。对于测试人员来说，测试管理工具能够管理测试过程中测试人员的日常活动，其主要功能包括以下几种：

- 用户及权限管理；
- 测试项目的创建；
- 测试项目需求管理；
- 测试任务分配和实施；
- 测试项目缺陷管理；
- 测试数据收集；
- 测试项目数据分析及统计和报告生成；
- 测试项目用例管理；
- 测试执行管理；
- 测试文档管理。

1.3.3 测试管理工具的来源和分类

测试管理工具有开源的，可以自主开发，也可以购买。测试管理工具的分类如下。

1. 专项测试管理工具

这类工具可管理软件测试中的某个内容，如缺陷管理工具、用例管理工具，比如BUGzilla和BUGfree。BUGzilla是一个开源的缺陷跟踪系统（BUG-Tracking System），它可以管理软件开发中缺陷的提交（new）、修复（resolve）、关闭（close）等整个生命周期。BUGfree是一款简单、实用、免费并且开放源代码的一个Bug管理系统，不过目前已经不提供更新和技术支持了。

2. 专门的测试管理工具

这类工具对测试的整个流程进行管理，比如IBM Rational Quality Manager、HP ALM（Application Lifecycle Management）等。ALM软件是惠普公司的一款高端商业软件，提供了需求管理、缺陷管理、测试用例管理、测试执行管理和各种分析报告管理。

3. 开发和测试都包含的项目管理工具

专门的测试管理工具主要用于第三方软件测试机构，以及软件开发部门和测试部门相对独立的公司。大部分时候，开发和测试属于同一个团队，此时研发团队会使用覆盖整个研发周期的软件产品。这些产品或者是公司自己开发的，或者是从市场购买的，也可能是开源的软件。

比如，禅道项目管理软件是一款国产的开源软件。该软件集产品管理、项目管理、质量管理、文档管理、组织管理和事务管理于一体，是一款功能完备的项目管理软件。

4. 其他可用于测试管理的工具

小型项目团队、初创业的团队、学生课程设计团队往往直接利用Office办公软件完成软件测试的管理，包括Office Project、Word、Excel。对于软件测试中的文档管理，则可以借助于一些文件管理软件，比如 TortoiseSVN、TortoiseHg。

1.3.4 测试管理工具的选择

在进行测试管理工具的选择时，要综合考虑项目大小、团队规模、团队性质、成本预算等因素。工具是一个载体，重要的是按照流程开展工作。

对于新创业项目、学生项目等团队规模比较小的情况，可以选择开源工具或 Office 办公软件，节省成本，简单易用；对于第三方测试团队，则可以选用专门的测试工具；对于研发测试一体化的团队，则可以采用完整的项目管理工具。

1.3.5 测试管理工具发展趋势

软件测试管理工具发展的趋势如下。

① 与其他软件自动化测试工具集成，比如在软件测试用例的管理中，用例可能是 LoadRunner 的性能测试脚本，也可能是 QTP 的功能测试脚本，也可能是需要手工测试的用例。目前的测试管理工具倾向于能直接启动测试用例并执行，这就要求测试管理工具与 LoadRunner、QTP 等自动化测试工具有很好的衔接。

② 与软件研发其他环节的集成越来越紧密，比如软件测试管理工具中的集成版本管理功能。

③ 基于云计算的测试管理工具，比如，QASymphony 开发的 QTest 是基于云计算的测试管理工具，有各种典型的关键特性。QTest 在连接器的帮助下，可以集成 JIRA 整个端到端质量的解决方案。它还集成了其他工具，比如 BUGzilla、FogBUGz、Rally 等。

1.4 项目实践任务一：分组和项目选择

实践任务：

- 所有学员自由组合成测试小组（3 ~ 4 人），给出小组名单，并指定组长。
- 选择被测试的软件项目。
- 将分组名单和选定的项目提交给学习委员汇总。

实践指导：

选择的被测试项目可以是企业项目、教学实训项目、学生开发的参赛和课程设计项目、网络开源项目等，软件架构不限。

第2章 软件测试流程管理

要开展软件测试管理，首先要建立软件测试的流程。本章主要讲述软件开发过程和测试过程是如何交互的，典型的测试模型有哪些，软件测试的一般流程是怎样的，如何建立软件测试的流程，以及软件测试流程中涉及的资产、度量分析。

本章学习目标

- 理解研发过程和测试过程的交互过程。
- 理解典型的软件测试模型。
- 理解软件测试的一般流程。
- 了解建立一个测试流程应该包含的内容。
- 了解测试中涉及的文档资产及度量分析。

做有所依，
遵守流程

2.1 软件研发中的测试

软件测试和软件开发一样，都遵循软件工程的原理。测试和开发是密切相关的。测试活动是贯穿于软件项目开发的全过程的，和开发活动交互开展。

图 2-1 描述了软件项目开发中的测试环节及相应的测试活动。

① 软件需求完成后，需要进行需求的评审，此时测试人员可以参与需求的评审。当需求确定后，测试人员可以开始进行系统测试方案及计划的制订。

② 软件项目总体设计方案完成后，测试人员可以开始进行集成测试方案及计划的制订。

③ 详细设计完成后，测试方可以开始进行模块测试方案及计划的制订。

④ 单元测试和编码一般是同步的，由开发人员自己完成。

⑤ 整个模块开发完成后，测试人员开始进行模块测试。当然在这之前，所有的模块测试用例已经准备完毕。

⑥ 模块测试后是集成测试和系统测试。

⑦ 软件运行维护期间则要对运行期间发现的问题进行回归测试。

从图 2-1 可以看出，在软件项目开发过程中不能把测试理解为开发后期的一个活动，它是贯穿于整个开发过程的。

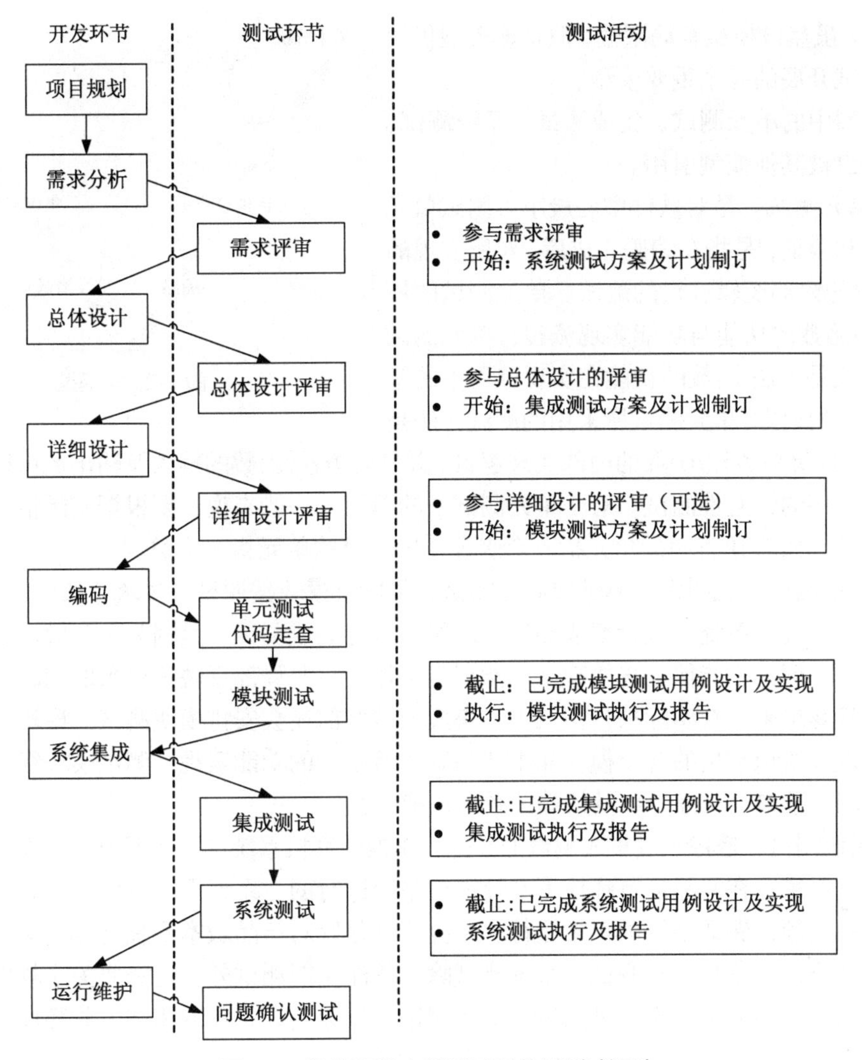

图 2-1 软件研发中的测试环节及测试活动

2.2 软件测试模型

在实践中产生了很多的测试模型。这些测试模型明确了测试和开发之间的关系。主要的测试模型有 V 模型、W 模型和 H 模型。

1. V 模型

V 模型（见图 2-2）是软件测试模型中的一个经典模型，它发展自软件研发的瀑布模型，模型明确标识了测试过程中存在的测试阶段，以及测试阶段与开发阶段之间的关系。从图 2-2 可以看到，项目研发中的开发活动是从需求分析到概要设计，之后到详细设计，再到编码，然后是测试活动。测试活动对应开发的 4 个阶段，分别是单元测试、集成测试、系统测试和验收测试。

在这个模型中，把测试作为编码之后的最后一个活动，需求分析等前期产生的错误直到后期的验收测试才能发现。测试活动在编码之后，并且只对代码测试，未能体现尽早测试的原则。虽然该模型有局限性，但是该模型仍然是指导测试开展的一个重要模型。

V 模型中的单元测试、集成测试、系统测试、验收测试也被其他模型引用。

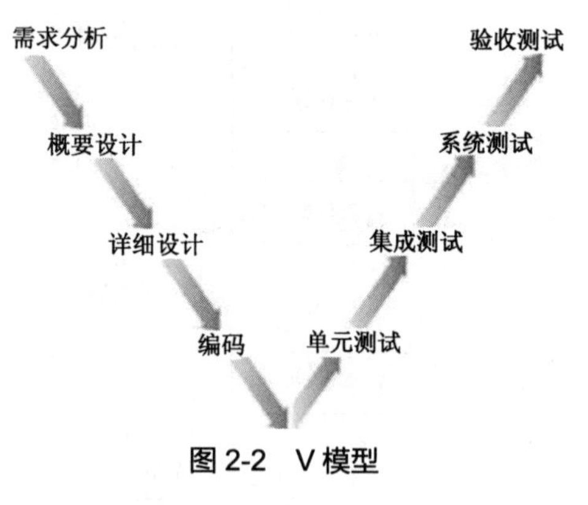

图 2-2　V 模型

① 单元测试，是对软件中的最小可测试单元进行检查和验证，是指在编码完成后，对所实现的方法/函数的内部逻辑进行的测试。单元测试的依据是方法/函数的功能与功能实现流程；单元测试的主要对象是方法/函数的功能在实现过程中的错误或不完善的地方；单元测试所采用的测试方法是白盒测试，即针对方法/函数的内部实现逻辑，并结合方法/函数的输入及输出的可能取值范围，进行程序的针对性测试。对于单元测试中的单元，一般来说，要根据实际情况去判定其具体含义，如 C 语言中的单元指一个函数，Java 里的单元指一个类。

② 集成测试，也叫组装测试或联合测试，将所有模块按照设计要求（如软件架构图）组装成为子系统或系统，进行集成测试。之所以进行集成测试，是因为一些模块虽然能够单独地工作，但并不能保证连接起来也能正常工作。一些局部反映不出来的问题，在全局上很可能暴露出来。在实际项目实践中，集成测试之前还会安排模块测试。模块测试是指针对产品设计所识别出的各个模块在本产品版本所承载的功能实现，测试模块级功能的实现，模块间的接口、交互，以及依赖关系的正确与否。

③ 系统测试，是将经过集成测试的软件，作为计算机系统的一个部分，与系统中的其他部分结合起来，在实际运行环境下对计算机系统进行的一系列严格有效的测试，以发现软件潜在的问题，保证系统的正常运行。系统测试是针对产品版本系统进行的整体测试，主要采用的测试方法是黑盒测试，系统测试除了关注功能测试外，还需要关注软件产品的非功能需求，包括但不限于容量测试、性能测试、压力测试、负载测试、兼容性测试、稳定性测试、可靠性测试、可用性测试和用户文档测试。

④ 验收测试，也称为交付测试。验收测试的目的是确保软件准备就绪，向未来的用户表明系统能够像预定的要求那样工作，即软件的功能和性能如同用户所合理期待的那样。验收测试阶段，相关的用户和独立测试人员根据测试计划及结果对系统进行测试和接收。它让系统用户决定是否接收系统。它是一项确定产品是否能够满足合同或用户所规定的需求的测试。验收测试有非正式验收测试（Alpha 测试）和正式验收测试（Beta 测试）之分。

- Alpha 测试，是非正式验收测试，是由用户在开发环境下进行的测试，也可以是公司内部的用户（比如技术支持人员、销售人员、代理商等）在模拟实际操作环境下进行的受控测试。Alpha 测试不能由程序员或测试员完成。

- Beta 测试，属于正式验收测试，是软件的用户在实际使用环境下进行的测试，开发者通常不在测试现场。Beta 测试不能由程序员或测试员完成。比如，游戏的公开测试就属于 Beta 测试。一般 Beta 测试通过后就可以正式发布产品了。

2. W模型

W模型（见图2-3）从V模型演化而来，在这个模型中增加了与软件各开发阶段同步的测试活动。从模型图中可以看到，测试伴随着整个软件开发的周期。用户不仅需要对程序进行测试，还需要对需求和设计进行测试。测试和开发是同步的，有利于尽早地发现问题。但是W模型存在一个和V模型相同的问题，它们把软件研发的过程视为一系列串行的活动，没有融入迭代及变更的元素。

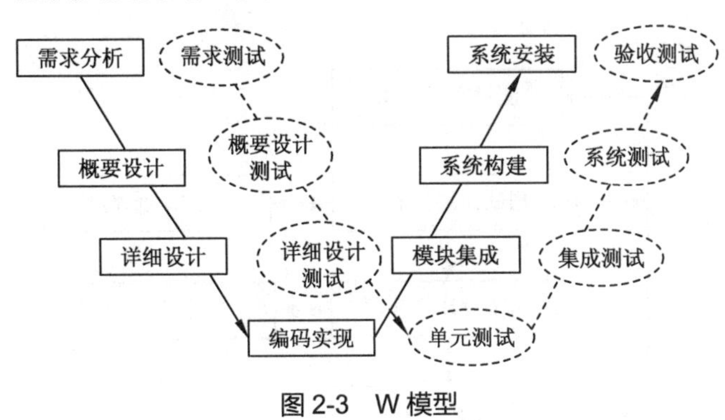

图2-3　W模型

3. H模型

H模型（见图2-4）强调测试活动是独立的，贯穿于整个产品的周期，和研发流程是并发的。在H模型中，只要测试就绪点达到了，就可以开始进行测试。这个模型可以满足测试尽早开始这样一原则，模型本身并没有太多的执行指导，可以把它理解为一种理念，测试就绪点满足了就可以测试了。

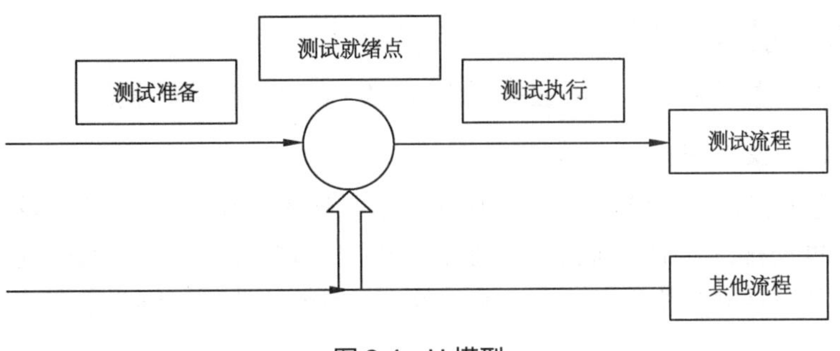

图2-4　H模型

2.3 软件测试流程

测试过程定义了企业在产品开发过程中在设计、开发与实现、维护、退出等阶段与测试相关活动的内容、流程及规范。定义测试过程的目的是给本公司在产品开发过程中测试相关的活动提供指导，确保产品可以真正满足用户的要求。测试过程指导项目如何开展各项测试活动，以及各项活动的输入与输出；约定活动中所涉及的角色与职责，规范各个活动的内容和规程，以及所使用到的统一的模板、表单、指导书和检查单。

在软件项目中，测试和开发是相互配合、同步推进的。因为软件项目的复杂性，被测对象往往不断发生变化，在实际项目中，测试与开发的关系更加复杂。虽然复杂，但是测试工作的开展是有自己的过程要遵循的。

虽然在一个项目的研发过程中有很多种不同的测试类型、不同的测试阶段，但是对单次测试来说，存在一个一般性的过程。

在软件测试的一般性过程中（见图 2-5），首先进行测试的需求分析，然后进行测试计划制订，接下来进行测试的设计和开发，之后进行测试的执行和监控。测试执行完毕后，最终给出软件评估报告和测试的总结报告。在实际运行中，各个公司会根据自己的实际情况进行调整。

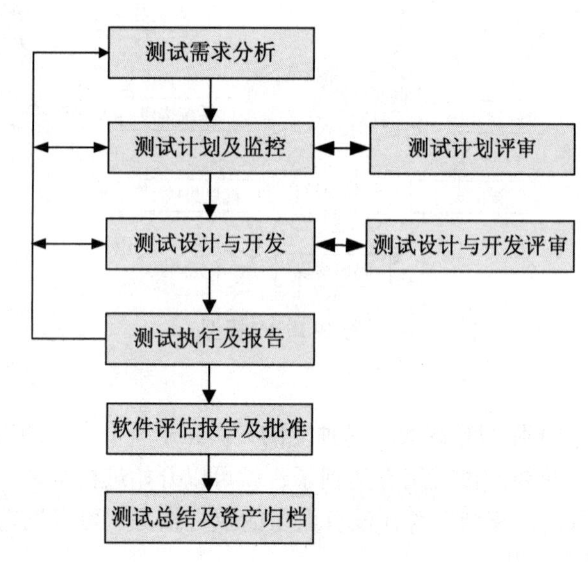

图 2-5　软件测试的一般性过程

1. 测试需求分析

相关人员收集相关资料，学习业务（测试对象），分析测试需求点。

2. 测试计划及监控

测试主管组织并编写《测试计划》，该文档指明测试范围、方法、资源及相应测试活动人员的时间进度安排，其中包括软件和硬件资源、集成顺序、人员时间进度安排和可能的风险等内容。测试计划需要进行评审，测试计划一旦开始执行，就要定期监控计划的执行情况。

3. 测试设计与开发

① 测试设计一般由对需求熟悉的资深的测试工程师进行，测试方案要求根据《软件需求规格说明书》上的每个需求点设计出包括需求点简介、测试思路和详细测试方法在内的方案。

② 测试开发主要是测试用例的开发，可完成测试用例编写、测试数据准备、测试环境准备。测试用例是根据《测试计划》来编写的。通过对测试需求的分析，测试人员对整个系统需求有了详细的理解，然后开始编写用例，这样才能保证用例的可执行和对需求的覆盖。测试用例需要包括测试项、用例级别、预置条件、操作步骤和预期结果。其中，操作步骤和预期结果需要编写详细和明确。测试用例应该覆盖测试方案，而测试方案又应覆盖

测试需求点，这样才能保证客户需求不遗漏。同样，测试用例也需要评审。

4. 测试执行及报告

此阶段的主要任务是执行测试用例，及时提交测试中发现的 Bug，及时反馈测试情况。

5. 软件评估报告及批准

根据测试结果给出对软件的整体评估，以及是否通过测试的建议。一般，决策部门会根据这份评估报告决定产品是否可以进入下一个阶段。

6. 测试总结及资产归档

项目结束后，对整个测试过程进行回顾总结，将项目相关资源进行整理归档。

与一般项目不同，大型项目，特别是产品型项目，在开发过程中会将开发任务划分为多个子项目（模块）。其项目管理也更加复杂，测试管理也更加复杂。图 2-6 所示是某复杂大型项目的测试过程。

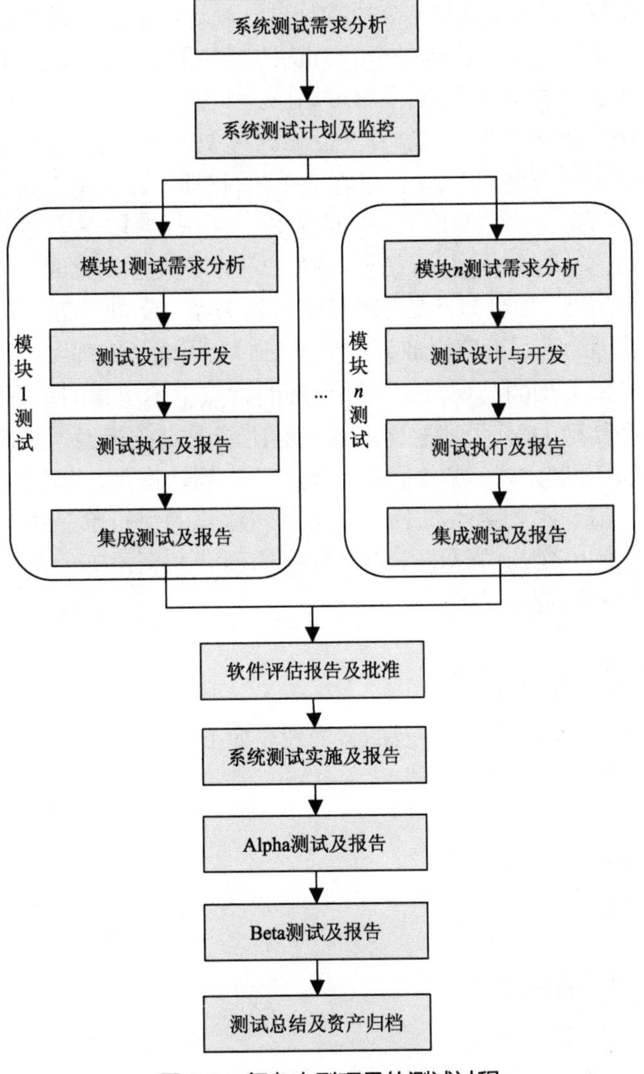

图 2-6 复杂大型项目的测试过程

从图 2-6 可以看出，复杂的大型软件项目在测试过程中会先对软件整体进行测试规划，再分模块进行测试执行，最后进行整体测试。

项目型 IT 公司、产品型 IT 公司、混合型 IT 公司

（1）项目型 IT 公司：承包项目，能够根据客户需求完成项目的公司。公司的业务就是不断承接项目、完成项目。有评论指出，由于我国软件产业的发展历史非常短暂，基础软件薄弱，主要集中在应用软件和行业软件，进入门槛低，找到项目即可成立一个软件公司，因此，90%以上的 IT 公司都是项目型的。项目由于其具有一次性、独特性因素，导致实施成本大，风险高，对项目人员要求高等。

（2）产品型 IT 公司：产品与项目的不同在于需求的来源。项目需求是客户提出的；产品需求是企业根据市场的情况自己挖掘、设计出来的，投入市场之前很难确定用户是否接受，成功的风险比项目大，一旦成功，利润也比较多。产品型 IT 公司就是自己设计产品然后推出市场。美国的苹果公司、微软、Oracle 等是全球公认的产品型 IT 公司，它们引领市场的发展方向和世界的技术潮流。国内的用友、金蝶公司也是公认的产品型 IT 公司，它们是企业财务和管理软件产品化的典型代表。

（3）混合型 IT 公司：处在完全项目型阶段的 IT 公司，不能否定其项目的价值与意义，它助推了公司的成长，在积累到一定的客户数量后，将逐步往产品化过渡和转型，而产品在客户和市场发生变化时，也将按照项目的方式进行演进。项目与产品是辩证统一的关系。公司不能为了项目而放弃产品，也不能因为产品而完全放弃项目，它们之间离开谁都无法独立存在。

不同类型的公司，其测试管理的特点也不尽相同。不同于项目型 IT 公司，产品型 IT 公司的软件测试产品比较固定或相似，测试的对象是同一个产品的不同版本，或者是同一个产品的周边产品，测试的复用率和可借鉴性比较高。比如某手机公司，其不同款式的手机都是在基础款的基础上变化而来的，每次测试的重点是变化的部分和新添加的部分，原有的部分进行回归测试就可以了。

2.4 软件测试过程资产

测试过程中会产生多个文档，涉及的文档列表如下。

① 测试方案文档（测试计划文档）。

② 测试用例列表。

③ 测试缺陷列表。

④ 测试总结报告。

⑤ 其他。

- 新开发或引入的测试工具。
- 测试工作会议记录。
- 测试计划（测试方案）、测试用例的评审报告。

- 测试总结。
- 测试原始数据及度量数据。
- 测试日志：每天测试日程记录。
- 周期性测试报告。
- 任务报告：任务完成情况报告。

测试过程中涉及的关键文档的内容具有一般性，表 2-1 列出了关键文档的主要内容。

表 2-1　测试过程中涉及的主要文档及其内容

文档名	作　用	主要内容
测试计划（测试方案）	描述为完成软件特性的测试而采用的测试方法的细节 描述测试活动的安排和管理	● 测试范围和策略：包括被测对象、应测试的特性、不被测试的特性、测试模型、测试需求、测试设计 ● 测试环境和工具 ● 测试出入口准则及暂停标准 ● 测试人员要求 ● 测试管理约定 ● 任务安排和进度计划 ● 风险和应急
测试用例	描述测试用例的具体细节	● 测试项目 ● 用例编号 ● 用例级别：测试用例的重要程度 ● 用例可用性 ● 输入值 ● 预期输出 ● 实测结果 ● 特殊环境需求（可选） ● 特殊测试步骤（可选）
测试缺陷	描述测试缺陷	● 缺陷简述 ● 缺陷描述 ● 缺陷级别 ● 缺陷状态
测试报告	描述测试结果	● 测试时间、地点、人员 ● 测试环境 ● 测试结果统计分析 ● 测试评估 ● 测试总结与改进 ● 遗留缺陷列表

2.5 软件测试流程的建立

为了更好地开展测试管理，需要为测试项目的执行创建一个测试流程。测试流程主要包括以下内容。

① 定义团队在产品开发过程中各阶段（设计、开发与实现、维护、退出）与测试相关活动的内容、流程及规范。

② 为测试相关活动提供指导。指导项目如何开展各项测试活动，以及各项活动的输入与输出。

③ 约定活动中所涉及的角色与职责，规范各个活动的内容和规程，以及所使用到的统一的模板、表单、指导书和检查单。

测试的一般过程：分析测试需求、定义测试方案（或者测试计划）、评审方案、设计并编写测试用例、评审用例、执行并提交缺陷、撰写测试报告、测试过程回顾和资料备案。图 2-7 所示为某企业软件测试跨职能流程图，图中详细定义了测试需要开展的阶段，各个阶段的参与人员、负责人员及相关任务。

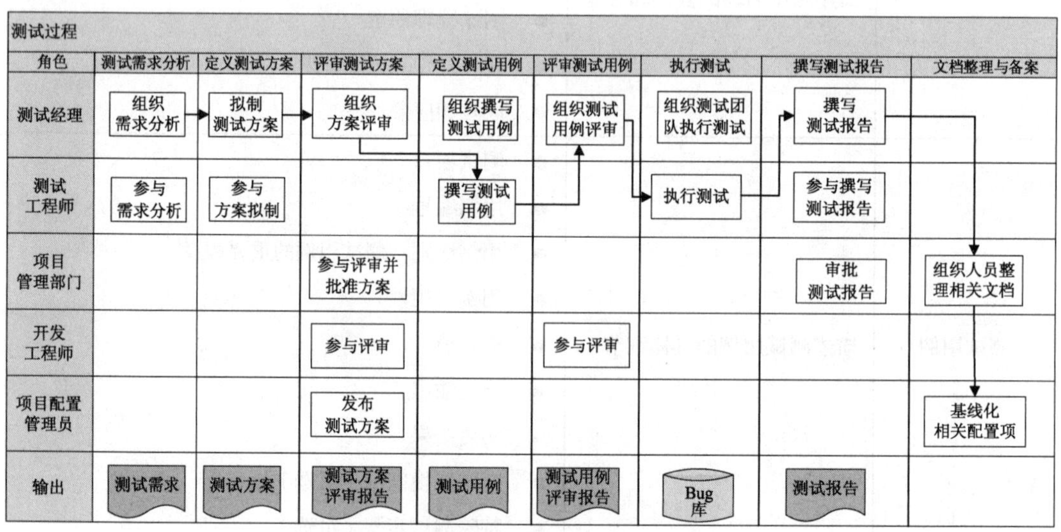

图 2-7 某企业软件测试跨职能流程图

定义测试过程时需要将过程中用到的模板定义清楚，将指导任务开展的指南书编写好。表 2-2 所示是某企业测试过程的文档清单。

表 2-2 某企业测试过程的文档清单

编号	文档类型	文档名称	备注
1	过程（Procedure）	QP_测试过程.pdf	团队测试过程描述文档
2	指南（Guidelines）	GL_测试用例编写指导书.docx	主要描述测试用例设计方法、设计原则、与团队项目相关的通用测试项测试用例设计点

续表

编　号	文档类型	文档名称	备　注
3	指南（Guidelines）	GL_缺陷报告及管理指南.docx	描述缺陷的优先级、严重程度等的字段要求，以及缺陷的生命周期
4	模板（Templates）	T_测试方案_XX 项目 XX 版本.docx	测试方案中要求的内容及内容简要说明
5	模板（Templates）	T_测试用例_XX 项目.xlsx	测试用例编写需要提交的字段，以及字段的选项限定
6	模板（Templates）	T_缺陷跟踪表.xlsx	缺陷报告提交的字段要求，为了方便跟踪，一般团队的缺陷统一在 B/S 模式的信息管理平台进行管理
7	模板（Templates）	T_测试报告_XX 项目 XX 版本_YYYYMMDD.docx	测试报告中要求的内容及内容简要说明
8	检查单（Checklist）	CL_测试方案评审检查单.docx	测试方案评审时的评审要点
9	检查单（Checklist）	CL_测试用例评审检查单.docx	测试用例评审时的评审要点

在建立流程的过程中，具体要开展哪些测试、测试的具体要求等都要根据产品及人员的能力现状而定，不能盲目追求达到最高要求，合适的才是最好的。

制订测试流程一定要从实际情况出发，重点定义哪些测试要做、谁做、什么时间做、如何做等问题。测试过程的定义要非常明确，达到可执行、具有指导性的程度。团队的实际情况包括团队与开发的关系（是开发测试协同性团队，还是第三方测试团队）、团队的组织架构情况、团队要开展哪些测试等。如果团队需要开展模块测试和系统测试，则可能要分别定义模块测试和系统测试的过程及模板。

需要注意的是，测试过程创建后并不是一成不变的，要根据实际实践情况不断改进和完善，进行修订后要及时进行过程发布。一般在测试过程执行中要设置一定的机制，以保证测试人员按照测试过程开展测试活动。一般是通过 QA 人员和审计活动去确保测试流程的执行。测试流程时，每一轮执行完毕之后都要对流程进行更新和完善。这里大家要注意区分测试执行和测试过程执行，测试执行是按照测试计划去执行测试活动，测试过程执行是严格按照测试的过程去开展测试活动。

2.6　测试流程中的度量分析

在创建测试流程时，要考虑测试数据的度量和分析。测试数据的度量主要用于积累数据，评价工作，改进过程，预测趋势。

要开展测试数据的度量，就要先建立测试数据采集机制，然后确定要采集数据的种类、数量和频次，还要专门指定数据采集的负责人，以及安排人员进行检查。要充分利用合适的工具去辅助完成数据的收集和统计，还要建立专门的数据库，用于长期保存各种数据。

1. 测试度量分析的主要目的

- 积累：积累原始实践数据，为分析做准备。
- 评价：通过分析结果，对测试和开发工作进行量化评价。
- 改进：基于分析结果发现问题，直到工作改进。
- 预测：基于现有数据预测趋势和风险。

2. 建立测试数据采集机制

- 确立数据采集机制，将数据采集作为测试日常工作。
- 确定采集的数据种类、数量、频次等。
- 确定数据采集的负责人。
- 安排人员进行检查，确保数据采集工作的持续进行。
- 利用合适的工具辅助完成测试数据统计。
- 建立数据库，长期保存各项数据。

3. 常见的测试度量项

- 工作量估算偏差。
- 进度估算偏差。
- 遗留缺陷密度。
- 测试缺陷发现率。

2.7 项目实践任务二：实践环境准备

实践任务：

① 创建一个 VMWare 虚拟机系统（建议 Windows Server 2008）。

② 在虚拟操作系统中配置好软件测试管理要使用的相关工具（建议 Office、TortoiseSVN、ALM）。

实践指导：

实践要用到的软件列表如下。

① VMWare 8.0 或以上版本。

② Windows Server 2008，32 bit。

③ SQL Server 2008，32 bit。

④ ALM 服务器端：Software_HP_ALM_11.0_SimplChinese，32 bit。

⑤ ALM 客户端：ALMExplorerAddIn。

⑥ SVN 客户端：TortoiseSVN。

⑦ SVN 服务器端：VisualSVN Server。

⑧ Office Word、PowerPoint、Excel。

实践步骤：

① 能用 VMWare 启动 Windows 2008 Server 虚拟操作系统，确保操作系统的 IIS 服务正常。

② 安装 SQL Server 2008 数据库服务。
③ 安装 ALM 服务器端。
④ 配置 ALM 服务器端。
⑤ 安装 ALM 客户端。
⑥ 安装 SVN 服务器端并进行配置。
⑦ 安装 SVN 客户端。

第 3 章 测试需求分析

测试需求是测试的出发点，本章主要讲述什么是软件需求、什么是测试需求，以及如何开展测试需求分析。

本章学习目标

- 了解不同层次的软件需求。
- 理解测试需求的重要性及测试需求分析的步骤。
- 掌握测试类型分析的方法。
- 掌握测试需求的表达方式。
- 能够根据理论开展软件项目测试需求的分析。

谋定而后动，
知止而有得

3.1 测试需求

3.1.1 认识软件需求

软件需求是测试需求的基础。要认识测试需求，首选要了解软件需求。软件需求分为业务需求、用户需求、功能需求 3 个层次（见图 3-1）。

（1）业务需求

- 组织或客户的高层次目标。
- 描述为什么要开发系统（Why），希望达到什么样的目标。
- 一般 2～5 条，记录在《软件愿景和范围》文档中。

（2）用户需求

- 从用户角度描述产品必须要完成什么任务。
- 用户能使用系统来做什么（What）。
- 通过用户访谈、调查、对用户使用场景进行整理等方法获取。

（3）功能需求

- 描述开发人员在产品中实现的软件功能。
- 描述开发人员如何设计具体的解决方案来实现这些需求（How）。
- 数量往往比用户需求高一个数量级。
- 属于《软件需求规格说明书》的一部分。

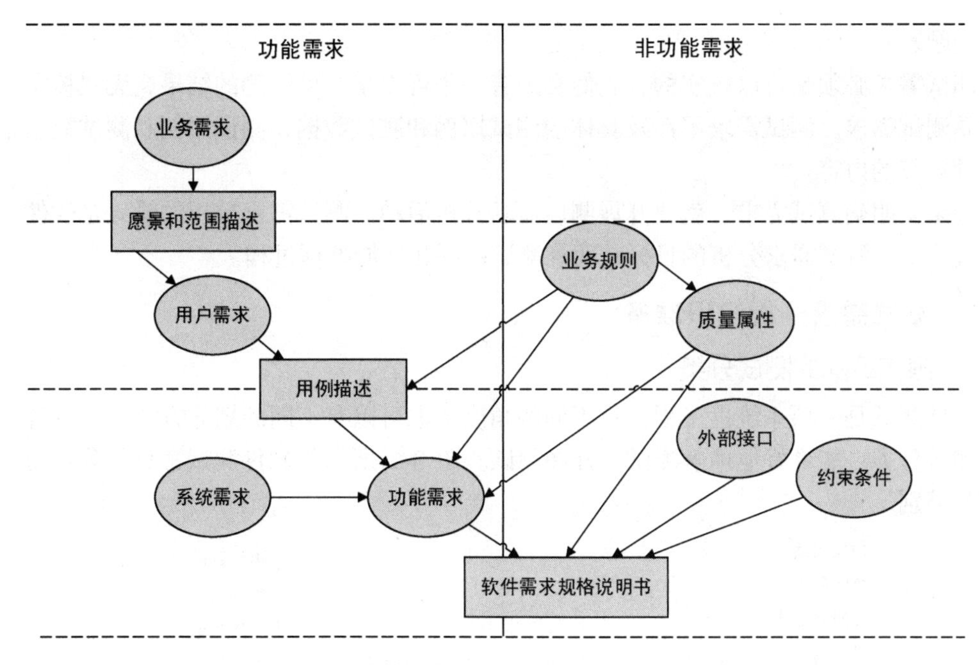

图 3-1 软件需求的 3 个层次

需求包括功能需求和非功能需求两个方面。

（1）功能需求

- 用户需求。
- 系统需求：用于描述包含多个子系统的产品（即系统）的顶级需求，它是从系统实现的角度描述的需求，有时还需要考虑相关的硬件、环境方面的需求。
- 业务规则：业务规划本身并非软件需求，因为它们不属于任何特定软件系统的范围。然而，业务规则常常会限制谁能够执行某些特定用例，或者规定系统为符合相关规则必须实现某些特定功能。它包括企业方针、政府条例、工业标准、会计准则和计算方法等。有时，功能中特定的质量属性（通过功能实现）也源于业务规则。所以对某些功能需求进行追溯时，会发现其来源可能是一条特定的业务规则。业务规则可能产生功能需求，也可能产生非功能需求。

（2）非功能需求

- 质量属性：产品必须具备的属性或品质。系统的质量属性包括可用性、可修改性、安全性、可测试性、易用性等。
- 约束条件：也称为限制条件、补充规约，通常是对解决方案的一些约束说明。
- 外部接口：外部接口需求。

3.1.2 认识软件测试需求

无论做任何事，为了避免出现方向性错误，人们首先要了解需求，测试也是如此。测试需求是解决“测什么”的问题，是整个测试项目的基础，是制订测试计划、开发测试用例的依据。清晰完整的测试需求有助于保证测试的质量与进度，有助于确保测试的覆盖率。如果没有明确的测试需求就开展测试工作，那么经常会出现需求遗漏、产品质量关注不全面等问题。

测试需求必须是可以核实的，它们必须有一个可观察、可评测的结果，无法核实的需求不是测试需求。测试需求不涉及具体的测试用例和测试数据，测试用例和测试数据是测试设计环节的内容。

如果要明确测试需求，就要开展测试需求分析活动。测试需求分析的输入是软件需求规格说明书。测试需求分析的目标是明确测试范围和功能处理过程。

3.1.3 测试需求分析知识准备

1. 眼花缭乱的测试分类

软件测试是一项系统性工程，从不同的角度考虑可以有不同的划分方法，了解各种不同的测试分类，能更好地理解测试、开展测试。图 3-2 所示为软件测试常见的分类角度及相应的类别。

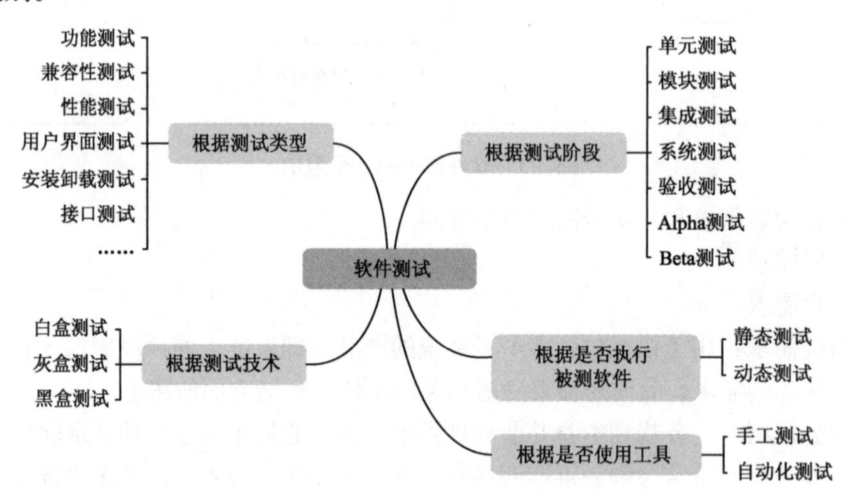

图 3-2　软件测试常见分类角度及相应的类别

（1）根据测试阶段进行划分

依据软件测试流程中各个阶段要开展的测试来划分，可分为单元测试、模块测试、集成测试、系统测试、验收测试等。

（2）根据是否执行被测软件进行划分

按照是否需要执行被测软件的角度可分为静态测试和动态测试。静态测试不运行被测软件，比如需求文档评审、设计文档评审、代码走查等。动态测试则通过运行被测试软件开展测试。

（3）根据是否使用工具划分

根据测试是手工执行的还是工具执行的可以分为手工测试和自动化测试。一般情况下，性能测试用自动化测试方式。

（4）根据测试技术划分

根据测试技术可以划分为黑盒测试、白盒测试和灰盒测试。白盒测试通过对程序内部结构的分析、检测来寻找问题。黑盒测试通过软件的外部表现来发现其缺陷和错误。灰盒测试是介于白盒测试和黑盒测试之间的测试，灰盒测试不仅关注输出、输入的正确性，同时也关注程序内部的情况。灰盒测试不像白盒测试那么详细、完整，但又比黑盒测试更关注程序的内部逻辑，常常是通过一些表征性的现象、事件、标志来判断内部的运行状态。

（5）根据测试类型划分

测试类型是从不同的角度来分析和测试产品的，测试类型的概念很早就已经存在，比如性能测试、安全性测试、功能测试、兼容性测试等。

2. 软件的测试类型

软件的测试类型是从不同的角度有针对性地来分析和测试产品。软件测试执行阶段是由一系列不同的测试类型的执行过程组成的。每种测试类型都有其具体的测试目标和支持技术，每种测试类型都只侧重于对测试目标的一个或多个特征及属性进行测试。准确的测试类型可以给软件测试带来事半功倍的效果。

测试类型有很多种，同一种测试类型还可能有多个不同的名字。如果在网络上搜索，大概有 30 种测试类型。经过整理，表 3-1 所示为常见的测试类型及其主要测试内容说明。

表 3-1 常见的测试类型及其测试内容说明

编　号	测试类型	测试内容说明
1	功能测试	是对产品的各功能进行验证，根据功能需求逐项测试，检查产品是否达到用户要求的功能
2	兼容性测试	测试软件在特定的硬件平台上、不同的应用软件之间、不同的操作系统平台上、不同的网络等环境中是否能够正常运行
3	安全性测试	针对的是未授权的访问、拒绝访问攻击等，一般包括程序、网络、数据库的安全性测试
4	接口测试	是对测试系统组件间接口的一种测试。接口测试主要用于检测外部系统与系统之间以及内部各个子系统之间的交互点。测试的重点是检查数据的交换、传递和控制管理过程，以及系统间的相互逻辑依赖关系等
5	数据库完整性测试	该项测试内容主要以数据库表为单位，检查数据库表及表中各字段命名是否符合命名规范，表中字段是否完整，数据库表中的字段描述是否正确地包括字段的类型、长度，是否为空，数据库表中的关系、索引、主键、约束是否正确
6	用户界面测试	即 UI 测试，测试用户界面功能模块的布局是否合理，整体风格是否一致，各个控件的放置位置是否符合客户使用习惯，操作是否便捷，导航是否简单易懂，界面文字是否正确，命名是否统一，页面是否美观，文字、图片组合是否合适等。除此之外，还要确保 UI 功能内部的对象符合预期要求，并遵循公司或行业的标准

续表

编　号	测试类型	测试内容说明
7	负载测试	负载测试通过改变系统负载方式、增加负载等来发现系统中所存在的性能问题。负载测试更多的是一种测试方法，而不是测试类型，可以为性能测试、压力测试所采用。负载测试的加载方式也有很多种，可以根据测试需要来选择
8	性能测试	性能测试是为获取或验证系统性能指标而进行的测试。多数情况下，性能测试会在不同的负载情况下进行。性能指标主要有系统吞吐量、响应速度、CPU 占用率、内存占用率等
9	压力测试	压力测试通常在高负载的情况下来对系统的稳定性进行测试，能更有效地发现系统稳定性的隐患及系统在负载峰值下的功能隐患等
10	疲劳强度测试	通过长时间运行系统，测试系统的性能，发现性能问题。测试系统的日常业务（正常情况）和高峰业务（最大业务量）长时间运行的结果
11	恢复性测试	测试一个系统从灾难或出错中能否很好地恢复，如系统崩溃、硬件损坏或其他灾难性出错。恢复性测试一般通过人为的各种强制性手段让软件或硬件出现故障，然后检测系统是否能正确恢复（自动恢复和人工恢复）
12	配置测试	一般是针对硬件配置的测试，测试软件在最低配置和推荐配置情况下是否能够正常运行
13	安装卸载测试	确保软件在正常情况和异常情况下都能正确地完成安装和卸载。例如，进行首次安装、升级，或进行完整的或自定义的安装
14	用户文档测试	软件文档是软件的一部分，要确保文档能够给用户提供正确的说明或指引，重点关注文档的正确性、完备性及可理解性。交给用户的文档主要有系统帮助、用户使用手册、用户安装手册、示例及模板、图像和声音帮助、用户许可协议等
15	可用性测试（易用性测试）	让一群具有代表性的用户对产品进行典型操作，同时观察员和开发人员在一旁观察，聆听，做记录。可用性有 5 个指标，分别是易学性、易记性、容错性、交互效率和用户满意度
16	稳定性测试（可靠性测试）	稳定性测试通过给系统加载一定的业务压力，让系统持续运行一段时间（一般为 7 × 24h），检测系统是否能够稳定运行
17	内存泄漏测试	内存泄漏是指用动态存储分配函数动态开辟的空间，在使用完毕后未释放，导致一直占据该内存单元，直到程序结束。内存泄漏测试就是测试有没有内存空间使用完毕之后未回收的情况，一般使用专门的检测工具

续表

编 号	测试类型	测试内容说明
18	本地化测试	也称为国际化测试，有些产品为了满足特定区域用户的需要，有多个语言版本，比如简体中文、繁体中文、英文、日文等。本地化测试针对特定目标区域性或区域设置的产品进行测试，在本地化的软硬件环境下测试界面、安装、卸载等内容，也要关注产品目标地区的文化、宗教、喜好等适用性测试

3. 软件测试类型分析

面对被测软件和测试需求，测试人员需要先分析应该开展哪些类型的测试。为了更好地确定测试类型，要注意测试类型之间的区别。

（1）不同的测试类型分析产品的角度不同

这是测试类型划分的主要依据。测试类型的提出就是针对某个测试角度而提出的。比如兼容性测试是专门测试兼容性的。

（2）不同的测试阶段重点采用的测试类型也不同

比如在模块测试阶段，功能测试是重点；在系统测试阶段，性能测试是重点。不是说系统测试阶段的功能测试就不重要，在模块测试阶段，功能已经经过测试，所有的模块配合起来的性能尚没有经过测试，所以在系统测试阶段要更加关注性能。

（3）不同的测试类型会发现不同类型的缺陷

缺陷有功能缺陷、界面缺陷、性能缺陷，不同的测试类型会发现不同类型的缺陷。

（4）不同的测试类型有不同的测试方法

不同的测试类型采取的主要测试方法也不相同，比如，性能测试一般采用自动化测试方法，功能测试则不一定。

（5）不同的产品对应的测试类型的集合可能有很大的不同

不同软件的测试角度和测试重点有很大的不同，对应的需要开展的测试（测试类型）也有很大的不同。比如，单机版软件和 C/S 架构的软件需要开展客户端的安装卸载测试，B/S 架构的软件则不需要进行安装卸载测试；移动 APP 软件需要进行交叉事件的测试，而单机版软件一般不需要。表 3-2 和表 3-3 分别列出了移动 APP 软件的主要测试类型和典型单机版软件的主要测试类型。

表 3-2 移动 APP 软件的主要测试类型

编号	移动 APP 软件测试类型	测试涉及的内容简介
1	安全测试	软件授权注册 软件获取系统的权限，比如访问联系人信息等
2	用户界面测试	测试用户界面，包括导航、布局、文字、图片、配色等
3	功能测试	对需求文档中的功能进行测试

续表

编号	移动 APP 软件测试类型	测试涉及的内容简介
4	性能测试—响应速度测试	正常环境下，APP 中的关键操作响应时间能否满足用户要求，比如安装、升级、卸载响应时间，APP 启动时间，其他关键操作响应时间（搜索、上传、下载等）
5	性能测试—极限测试	在极限条件下 APP 的响应速度测试，比如电量低、存储空间紧张、网速慢等运行环境比较差的情况
6	性能测试—资源占用率测试	典型场景下系统资源（CPU、内存）的使用情况，如 APP 启动后，APP 加载数据后（打开一个文件或显示了一些数据），APP 长时间反复操作后
7	兼容性测试	不同操作系统的兼容性 不同手机分辨率的兼容性 不同手机品牌的兼容性
8	交叉事件测试	APP 在运行过程中，另外一个事件或操作发生时的测试，比如有来电、收发邮件等
9	安装卸载测试	在主流的系统和不同手机品牌上开展测试，包括 APP 安装、升级更新、卸载

表 3-3　单机版软件的主要测试类型

编号	单机版软件测试类型	测试涉及的内容简介
1	功能测试	软件功能测试
2	速度性能测试	复杂命令的速度，比如镜像操作
3	内存资源占用性能测试	程序启动后占用内存资源 大文件打开后占用内存资源 复杂命令操作过程中占用内存资源
4	兼容性测试	文件兼容性，如在新版本中打开旧版本的文件 主流操作系统的兼容性
5	可用性测试	在测试过程中从多方面体验产品，比如 UI 界面的可用性，包括菜单、工具栏的易用性，自定义和定制方式的可用性
6	错误恢复测试	错误后找回文件并恢复文件
7	安全性测试	授权注册
8	用户文档测试	用户手册（PDF 格式） 帮助文档（CHM 格式） 样例演示视频

续表

编号	单机版软件测试类型	测试涉及的内容简介
9	多语言国际化测试	简体中文版本以外的语言版本测试，如英语、繁体中文、日语等
10	安装卸载测试	安装软件测试 卸载软件测试 升级软件测试

测试团队要根据软件的具体特征不断补充及完善产品需要开展的测试类型，形成一个完整的测试类型集合，更好地服务于被测软件。

建立软件的测试类型列表并不容易，这里有两种方法可以参考。

一是建立软件的测试类型列表时参考以往的项目经验，比如在对B/S结构的软件进行测试类型分析时，以往同类的B/S架构软件的测试类型就是一个重要的参考。

二是对照软件质量特性寻找对应的测试类型（见表3-4）。

ISO 9126软件质量模型是评价软件质量的国际标准，由6个特性和27个子特性组成。进行软件测试时，可以从这6个特性和27个子特性去测试、评价一个软件。因此在进行测试类型分析时，对于大部分的软件，可以考虑从质量特性着手进行软件测试类型分析，软件质量特性分类与测试类型之间的部分对应关系见表3-4。

表3-4 软件质量特性分类与软件测试类型之间的部分对应关系

质量特性	质量特性说明	子特性	对应的测试类型
功能性	与一组功能及其指定的性质有关的一组属性。这里的功能指满足明确或隐含需求的功能	适合性	功能测试
		准确性	功能测试、负载测试、压力测试、疲劳强度测试
		互操作性	接口测试
		保密安全性	安全性测试
		功能性依从性	功能测试
可靠性	在规定的一段时间和条件下，与软件维持其性能水平的能力有关的一组属性	成熟性	功能测试、疲劳强度测试、稳定性测试
		容错性	安全性测试、接口测试、完整性测试、疲劳强度测试
		易恢复性	恢复性测试
		可靠性依从性	
易用性	与一组规定或潜在的用户为使用软件所需做的努力和对这样的使用所做的评价有关的一组属性	易理解性	用户界面测试
		易学习性	用户界面测试、用户文档测试
		易操作性	用户界面测试
		吸引性	用户界面测试
		易用性依从性	

续表

质量特性	质量特性说明	子特性	对应的测试类型
效率	与在规定条件下软件的性能水平和所用资源量之间的关系有关的一组属性	时间特性	负载测试、压力测试、性能测试
		资源利用特性	负载测试、压力测试、性能测试、内存泄漏测试
		效率依从性	
可维护性	与进行指定的修改所需的努力有关的一组属性	易分析性	
		易改变性	
		稳定性	
		易测试性	功能测试
		维护性依从性	
移植性	与软件可从某一环境转移到另一环境的能力有关的一组属性	适应性	配置测试
		易安装性	安装测试
		共存性	兼容性测试
		易替换性	兼容性测试
		可移植性的依从性	

不必过分纠结于测试类型。

登录测试属于功能测试还是安全性测试呢？测试不同操作系统下的安装卸载，属于安装卸载测试还是兼容性测试？安装卸载的响应时间测试属于安装卸载测试还是响应时间测试？

可以将以上问题理解为被测对象颗粒度不同，测试类型分析不仅适用于分析一个软件，也可以具体分析一个需求。比如可以对“安装卸载测试”这个具体的测试项开展测试需求分析，分析结果包括了功能测试、用户界面测试、响应时间测试、极限测试、兼容性测试等。

在进行软件测试类型分析时不必过分纠结于要分多少种测试类型，以及某个测试属于什么测试类型，最关键的是覆盖了全部的测试需求，没有遗漏就可以了。在进行测试任务划分的时候，并不是对每种测试类型单独开展测试的。比如可以将用户界面测试包含在功能测试中；将安装包的兼容性测试包含在安装卸载测试中，而不是兼容性测试中。

3.2 测试需求分析的步骤

测试需求分析一般有 4 步（见图 3-3）：原始需求收集、原始需求整理、需求项分析、建立测试需求跟踪矩阵。

3.2.1 原始需求收集

原始需求是整个测试活动的输入。一方面，原始需求收集要注意广泛性和全面性，要尽可能地收集原始需求，不要将需求仅仅局限于各种文档、资料。另一方面，原始需求的收集要根据项目的实际情况来开展，不同的产品背景、团队管理水平、测试阶段有不同的侧重点。

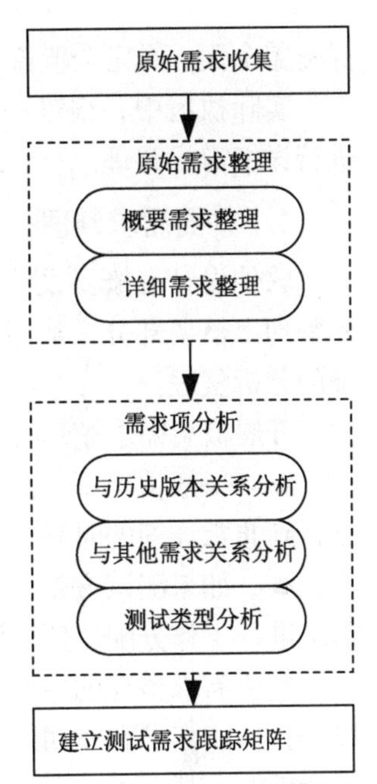

图 3-3 测试需求分析的步骤

- 不同的产品背景：如果是用户定制性产品，则以用户需求规格说明书为主；如果是公司自行设计推出的产品，则要将产品愿景等纳入原始资料范围。
- 不同的团队研发流程规范性：如果产品的需求分析、管理和跟踪开展得比较好，则可以以用户需求规格和系统需求规格为主要来源，这时产品的原始需求都已经集中到需求规格说明书中。如果测试需求管理不规范，测试需求的收集范围就相应地要扩大。
- 不同的测试阶段：不同测试阶段参考的需求有所不同，比如模块测试阶段要参考模块的需求和设计，验收测试则要参考用户需求。

测试需求的来源可能包括但不局限于以下项。

① 用户需求。

② 系统开发需求。

③ 产品愿景。

④ 产品设计说明书。

⑤ 同类竞争产品及其说明书。

⑥ 旧产品及其说明书：如果是产品升级换代的情形。

⑦ 相关的协议和规范：如果产品要符合某种规范，则要将协议和规范包含在需求范围内，比如儿童手机对辐射度的规范要求，建筑软件中对计算精度的要求等。

完成原始需求收集后产生原始需求来源表，见表 3-5。

表 3-5 测试原始需求来源表样表

来源编号	原始需求来源	原始资源名称以及存放地址
1	用户需求	用户需求规格说明书_XX 管理系统.docx
2	开发需求	系统需求规格说明书_XX 管理系统.docx
3	旧产品	原有旧的 APP 移动端软件
……	……	……

3.2.2 原始需求整理

原始需求收集完毕后是原始的，甚至可能是凌乱的，需要进一步地整理。整理时要确保覆盖全面，要完全覆盖各种原始需求，不遗漏。整理过程中注意对需求进行归类和补充。

实际执行中，很难一次性整理出所有详细的测试需求，可以先进行概要需求整理，再进行详细需求整理。

1. 概要需求整理

软件设计有概要设计和详细设计，在需求整理中也应遵循先概要后详细的方法，一般先整理出概要部分，从而对被测对象的需求有一个整体的把握，然后对每一个部分进行详细的分析整理。

开展概要需求整理有以下原因。

- 一般情况下，测试团队需要在短时间内给出测试计划，如果等所有的测试需求都分析到非常详细的时候才去计划，那么时间上不允许。
- 如果测试方是一个团队，就需要大家配合工作，测试经理可以根据整理出的概要需求进行工作分配，便于测试团队从整体把握被测对象。

概要需求整理的主要工作是浏览所有的需求来源资料，给出软件的概要需求，一般可以分为功能需求和非功能需求两种。概要需求整理的结果建议用列表表示或者用图来表示，后者更加清晰直观。图 3-4 所示是某在线课程作业管理系统的测试需求分析。

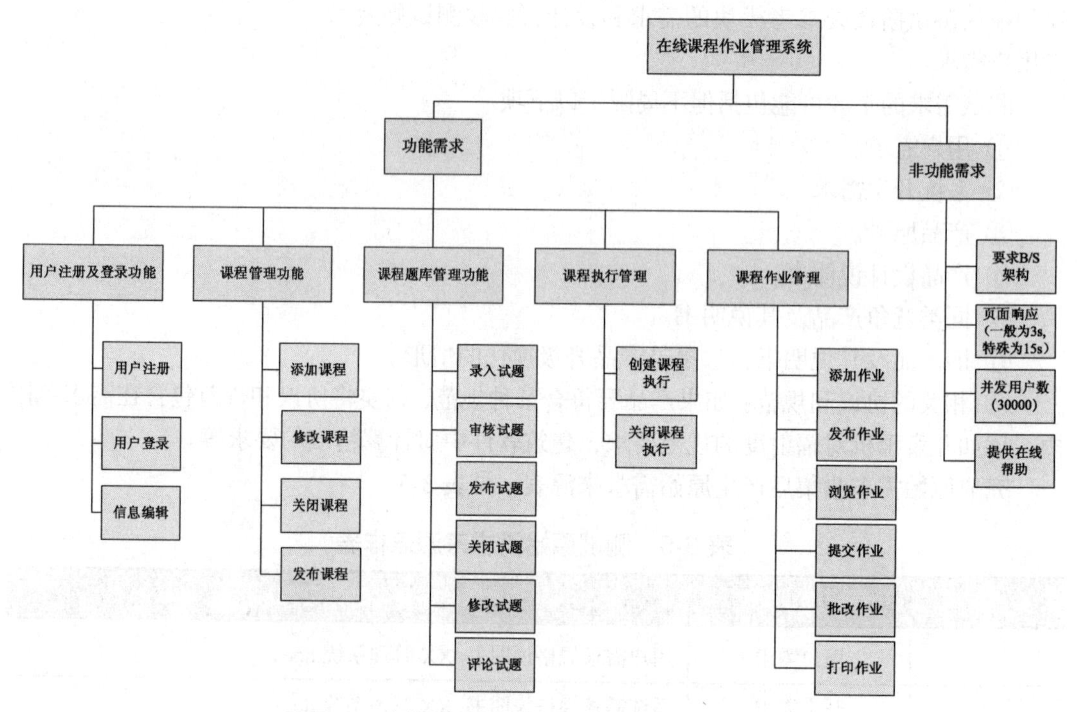

图 3-4 在线课程作业管理系统的测试需求分析

2. 详细需求整理

详细需求整理阶段根据整体需求情况分模块整理详细的测试需求，除了记录测试需求之外，还要给测试需求编排一个编号，一般还要记录每个测试需求的来源、原始软件需求描述等信息。

① 测试原始需求编号：给原始需求一个编号，一般用“功能模块+编号”的方式，如“打印-001”“打印-002”等。

② 测试原始需求描述：详细描述测试原始需求，将测试的要点都点到。

③ 优先级：描述该测试需求的优先级，测试需求的优先级与功能的优先级有关系，核心功能的测试需求优先级要高一些。

④ 所属功能模块：该测试需求所属的功能模块，这里要引用在概要整理中划分出的模块。

⑤ 需求来源：标明需求的来源。

⑥ 需求描述：记录需求原始的描述。

如果有测试需求管理系统，则可以将测试需求直接提交在系统上；如果没有使用这样的系统，则可以直接整理在 Excel 表格中。表 3-6 所示是详细测试需求样表。

表 3-6　详细测试需求样表

测试原始需求编号	测试原始需求描述	优先级	所属功能模块	需求来源	需求描述
课程管理-001	教师能够创建一个课程，发布一个课程	高	课程管理	软件需求说明书	教师角色登录，能够创建一个课程，并填写课程基本信息；能够修改课程基本信息；能够发布课程，使得该课程可以被选择
……	……	……	……	……	……

3.2.3　需求项分析

详细需求整理完毕后可以得到所有测试需求项的列表，此时可以开展对需求项的分析。对需求项的分析可以从 3 个方面开展（见图 3-5）。

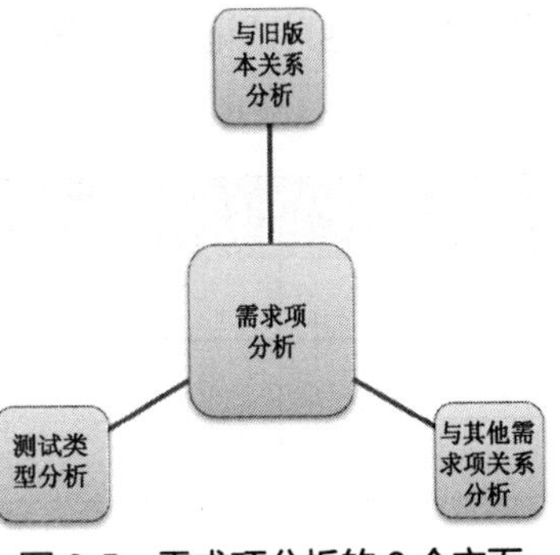

图 3-5　需求项分析的 3 个方面

1. 与旧版本关系分析

分析被测试的新版本与以前版本之间的关系，主要分析需求项是新增加的需求还是修改的需求；如果是修改的需求，修改了什么；以前的测试设计、用例和测试记录可以使用吗；是整个需求重新开发，还是在原来的基础上进行了部分修改。

如果是产品型公司，这部分的分析非常重要。产品型公司每个版本的更新都是在原来版本的基础上进行的，可以借鉴的以往的测试内容也比较多。比如，Microsoft Office 软件就是典型的产品型软件，在测试新版本的 Office 时，一方面要引用比较多的旧版本的测试数据，另一方面要分析新旧版本的区别，找到需要补充测试的点。

2. 与其他需求项的关系分析

产品功能不是独立的，功能之间存在交互关系。为了提高测试的完备性，要对需求与需求之间的关系进行分析。需求之间可能存在的关系如下。

- 一个需求引用了另一个需求的数据，比如，登录功能使用了注册功能产生的数据，如果注册功能进行了变更，则可能会影响到登录功能。测试时要注意这种依赖关系，避免注册功能和登录功能各自正确但不能联动的情况发生，必要时可以补充一些综合测试用例来测试需求之间的这种关系。
- 一个需求影响另一个需求的操作，比如 Android 操作系统，如果设置了手机锁屏和锁屏密码，则开机后会显示锁屏界面，并要求输入锁屏密码。

3. 测试类型分析

测试类型分析可以对整个软件进行测试类型分析，也可以对某个测试项进行测试类型分析。对测试项进行测试类型分析就是分析并列出测试需求项需要哪些类型的测试（具体分析方法可以参考 3.1.3 小节）。

3.2.4 建立测试需求跟踪矩阵

测试需求分析完成后，为了方便后续对测试需求的跟踪和维护，需要建立测试需求跟踪矩阵。

测试需求跟踪矩阵记录从软件需求到测试需求的分解，以及从测试项到测试用例的分解。表 3-7 所示是一个简单形式的测试需求跟踪矩阵，在实际项目中可以根据需要扩充测试需求的属性，比如测试需求的优先级、测试需求的测试类型等。

测试需求跟踪矩阵需要不断地维护。一方面，软件需求一旦发生变化，就需要启动配置管理过程，将与软件需求变更的相关内容进行同步变更；另一方面，随着测试工作的进行，会不断添加新的跟踪内容，对跟踪表进行扩展。例如测试设计阶段的测试用例、测试执行阶段的测试记录和测试缺陷，都可以添加到这个表中。

表 3-7 测试需求跟踪矩阵

软件需求 ID	软件需求描述	测试需求 ID	测试需求描述	测试子项	测试用例

3.3 项目实践任务三：项目测试需求分析

实践任务：

① 用测试需求分析的步骤和方法对被测试项目开展测试需求分析。

② 将识别出的测试需求整理在 Excel 文档中，或者用 ALM 工具管理测试需求。

实践指导：

① 如果用 Office 文档描述测试需求，那么可以用 Word 文档或者 Excel 文档。

② 如果用 ALM 工具管理测试需求，那么则可以建立测试需求树（见图 3-6）。

名称	直接覆盖状态	作者	需求 ID
Requirements	---		0
功能测试	Not Covered	wangli	3
后台用户管理	Not Covered	wangli	6
前台用户登录	Not Covered	wangli	7
课程管理	Not Covered	wangli	8
课程作业管理	Not Covered	wangli	9
学生作业管理	Not Covered	wangli	10
性能测试	Not Covered	wangli	4
用户并发	No Run	youronghao	32
页面响应时间	No Run	youronghao	33
兼容性测试	Not Covered	wangli	5
IE浏览器	No Run	youronghao	34
360浏览器	No Run	youronghao	35
火狐浏览器	No Run	youronghao	36
chrome浏览器	No Run	youronghao	37

图 3-6　ALM 测试需求树

注意

本章主要以 Web 应用软件和移动应用软件为例进行讲解，主要考虑到大家接触这两类软件比较多，以此类软件为例便于理解，大家不要因此而有所局限。实际工作中可能会遇到各种各样的软件，不同种类的软件有不同的测试重点，对测试工程师的知识要求也大不相同。

第 4 章 测试计划

测试计划是确保测试成功的重要保障，本章主要讲述什么是测试计划、如何制订测试计划、测试计划的主要内容及编写测试计划的典型模板。

本章学习目标

- 了解测试计划的重要性。
- 掌握测试计划的主要内容。
- 了解组织及编写测试计划的方法。
- 了解测试计划的评审、执行和监控。
- 能够根据理论开展项目测试计划的制订。

4.1 什么是测试计划

一般情况下，测试计划也称为测试方案，也有某些企业将测试方案和测试计划区分开，测试方案主要是测试范围和测试策略，测试计划主要是任务安排和时间进度。本文中不区分测试计划和测试方案，因此，测试计划（测试方案）应该既包括测试范围和策略，也包括任务安排和进度。

《ANSI/IEEE 软件测试文档标准 829-1983》将测试计划定义为：“一个叙述了预定的测试活动的范围、途径、资源及进度安排的文档。它确认了测试项、被测特征、测试任务、人员安排，以及任何偶发事件的风险。”

软件测试是有计划、有组织和有系统的软件质量保证活动，而不是随意的、松散的、杂乱的实施过程。为了规范软件测试内容、方法和过程，在对软件进行测试之前，必须创建测试计划。制订测试计划的作用如下。

- 管理者能够根据测试计划做宏观调控，进行相应资源配置等。
- 测试负责人可以根据测试计划跟踪测试进度。
- 测试人员能够了解整个项目测试情况，以及项目测试不同阶段所要进行的工作。
- 便于其他人员了解测试人员的工作内容，进行有关配合工作。

（1）什么时候制订测试计划

测试计划是在软件需求整理完成后，测试人员根据测试需求的分析结果和开发计划一起制订的一份计划书。它从属于项目计划，是其中的一个子计划。当然，在实际中，有时是软件编码完毕后才开始制订测试计划。无论何种情况，测试计划的前提是已经对测试需求进行了分析。

（2）如何组织及制订测试计划

测试计划的制订是一个从粗略到详细的过程。测试计划不是“编”出来的，是在充分了解测试需求的情况下，结合测试的原理和经验得出的。项目大小不同，项目测试计划的制订过程也不同。

如果项目规模比较小，则测试计划直接由一个经验丰富的测试工程师负责即可；如果项目规模比较大，参加的测试人员多，则测试的需求分析和测试计划先是分模块展开，各个测试工程师完成自己负责部分的测试需求分析和测试计划，最后测试经理牵头组织大家一起完成整个项目的测试计划。

- 先分：分模块开展测试需求分析、测试重点和难点识别、测试任务划分和时间估算。
- 再合：整个项目的测试需求合并、测试重点和难点识别、测试时间估算、测试人员协调，测试管理等。
- 再分：分开执行，各自准备测试数据、测试案例、特殊测试环境和设备、测试报告。

（3）谁来负责制订测试计划

测试计划一般由项目测试负责人、测试组长或具有丰富经验的测试人员来进行组织和编写。在中小型项目中，测试负责人可以直接承担测试计划的制订工作；在大型项目中由测试负责人和子模块测试负责人共同完成，测试计划由测试工程师来实施。

（4）测试计划有哪些可用的输入

测试计划工作的输出是测试计划（有的企业称为测试方案），开展软件测试计划的基础和依据如下。

- 软件测试任务书（或合同）。
- 被测软件的需求规格说明书。
- 测试需求。
- 类似产品或同一产品旧版本的测试计划。
- 以往的测试经验、测试数据。

4.2 测试计划的主要内容

不同的标准和团队在制订测试计划时，其内容不尽相同，比如在《IEEE 软件测试文档标准 829-2008》中，软件测试计划的主要内容见图 4-1。企业在实际开展工作时会根据自己的业务需要定义符合产品和团队需求的内容，图 4-2 所示为某企业的测试计划主要内容。

虽然不同团队的测试计划内容不尽相同，但是整体上都是从技术和管理两个方面对测试的开展进行规划的。

- 技术方面，主要是明确开展什么样的测试、使用什么样的测试策略和方法、使用什么样的测试工具等内容。
- 管理方面，主要是明确如何组织、需要哪些人力和非人力资源、任务如何划分、进度如何定义、启动和结束的条件等内容。

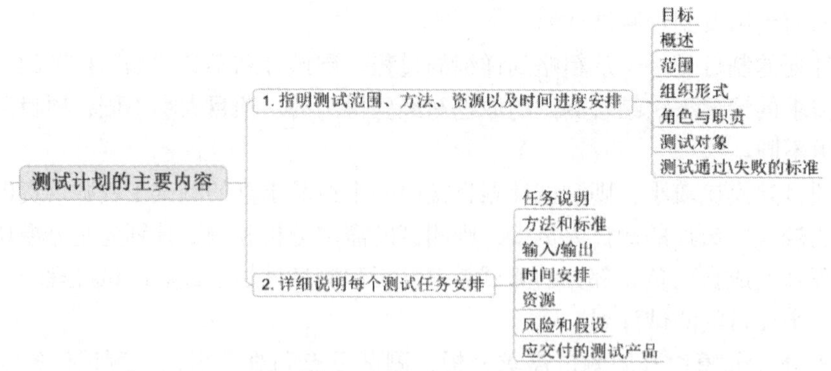

图 4-1 《IEEE 软件测试文档标准 829-2008》中的软件测试计划主要内容

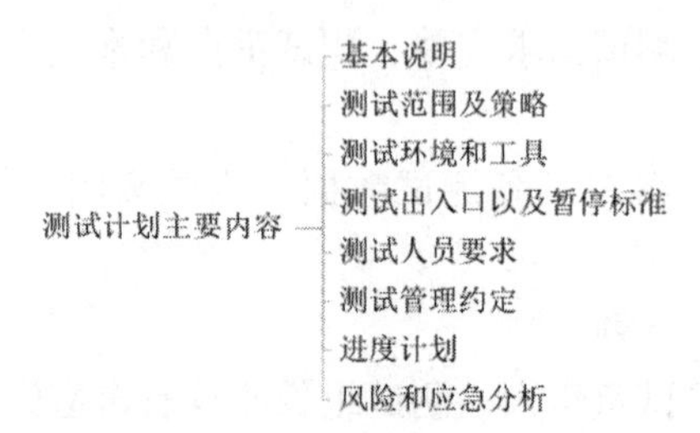

图 4-2 某企业测试计划的主要内容

常见的测试计划主要内容见表 4-1。

表 4-1 测试计划主要内容

1. 基本说明
● 说明被测对象基本信息（产品名、版本号、终端用户等）
● 被测对象以及测试中用到的术语与缩略语
● 制订测试计划的参考资料
2. 测试范围及策略
● 功能测试需求以及测试方法和途径
● 非功能测试需求以及测试方法和途径
● 测试优先级和重点
● 实施的测试阶段
3. 测试环境和工具分析
● 软件实际环境
● 软件测试环境以及与实际环境的差异分析
● 测试中的非人力资源需求：计算机、工具等
● 自动化测试分析（用自动化解决什么问题、成本估算、提高多少效率）
● 测试数据来源
4. 测试的出入口、暂停标准
● 测试开始标准（入口准则）：测试启动的条件

续表

- 测试暂停标准：测试受阻，无法继续开展的条件
- 测试完成标准（出口准则）：测试结束的条件

5．测试人员要求

- 对测试人员的技能和经验要求
- 人力资源数量以及介入时间
- 测试人员需要的支持和培训

6．测试管理

- 测试团队内外部角色和职责
- 工作汇报关系以及要求：如何汇报，多久汇报一次，汇报给谁
- 缺陷管理：缺陷录入标准，录入到哪里
- 测试执行管理：如何监控测试进度，期间遇到问题如何解决
- 测试用例管理：测试用例编写标准，相关的编写模板，编写的测试用例提交到哪里
- 变更管理：如果测试需求或测试计划发生改变，则如何处理，谁负责审批，如何公布变化情况

7．任务划分以及进度计划

- 里程碑：关键的里程碑时间点
- 任务分解及时间人员安排（可以借用 Office Project 等工具）

8．风险和应急分析

- 预测测试中可能遇到的风险
- 对风险进行分析，给出对各种风险的规避和应急措施

测试计划中的“任务划分以及进度计划”部分需要给出具体的任务分工，通常，人们在进行测试管理时会使用工具进行任务管理（可能是项目管理系统，可能是 Excel，也可能是任务分解工具），可以将任务分解结果直接用表格表示，也可以直接引用相应的网络地址。如果在任务分解中使用了 Office Project，则可以直接将 WBS（Work Breakdown Structure）图引入。图 4-3 所示是某测试项目的 WBS 图。

任务名称	工期	开始时间	完成时间	资源名称
测试需求分析和测试准备	**2 个工作日**	**2011年11月21日**	**2011年11月22日**	
学习软件需求并记录需求问题	1 个工作日	2011年11月21日	2011年11月21日	林**,吴**,张**,钟**
分析测试需求，讨论需求的测试要点	1 个工作日	2011年11月22日	2011年11月22日	林**,吴**,张**,钟**
讨论模块分工	1 个工作日	2011年11月22日	2011年11月22日	林**,吴**,张**,钟**
准备测试环境	1 个工作日	2011年11月22日	2011年11月22日	钟**
确定测试方案	**3 个工作日**	**2011年11月23日**	**2011年11月25日**	
编写测试方案	2 个工作日	2011年11月23日	2011年11月24日	林**
评审测试方案	1 个工作日	2011年11月25日	2011年11月25日	林**
编写测试用例,准备测试数据	**4 个工作日**	**2011年11月23日**	**2011年11月28日**	
第一轮功能测试	**4 个工作日**	**2011年11月29日**	**2011年12月2日**	
兼容性测试和综合测试	**2 个工作日**	**2011年12月5日**	**2011年12月6日**	
交叉测试和回归测试	**2 个工作日**	**2011年12月7日**	**2011年12月8日**	
回归测试已解决的Bug (按分工模块)	1 个工作日	2011年12月7日	2011年12月7日	林**,吴**,张**,钟**
自由交叉测试	1 个工作日	2011年12月8日	2011年12月8日	林**,吴**,张**,钟**
测试总结	**1 个工作日**	**2011年12月9日**	**2011年12月9日**	
完成测试总结报告	1 个工作日	2011年12月9日	2011年12月9日	林**
经验总结，文档备案	1 个工作日	2011年12月9日	2011年12月9日	林**,吴**,张**,钟**

图 4-3　某测试项目的 WBS 图

WBS 图清晰地描述了测试的任务以及响应的子任务、各个任务的起始时间、各个任务的负责人和参与人等信息。不管用何种方式描述任务划分和进度，只要描述清楚相应的要素即可。

4.3 测试计划的典型模板

不同产品类型、不同团队使用的测试计划模板不尽相同，但是主要内容大同小异。附录 1 是某企业的测试团队使用的测试方案模板，大家可以参考，另外也可以参考 GB 8567—88 的测试计划模板。

4.4 组织及编写测试计划

4.4.1 主要任务

测试计划的编写要尽早开始，描述要简洁易读。根据测试计划的主要内容可知编制测试计划的主要任务如下。

（1）明确测试范围

有些团队的测试流程有测试需求分析阶段，这种情况下，测试范围的确定任务是在测试需求分析阶段的；有些团队没测试需求分析阶段，此时，这个任务就要放在测试计划制订阶段。无论流程如何定义，在制订测试计划时，测试需求一定是已经明确了的，切忌脱离测试需求编写测试计划。

（2）分析测试类型、明确测试阶段和测试方法

分析需求的测试类型，划分测试阶段，并给出需求的测试方法。

（3）划分测试任务

- 要根据本次测试的测试需求细化测试任务，切忌脱离测试需求或者在不了解需求的情况下制订测试计划。
- 要划分测试任务的优先级，说明子任务和主要任务的关联关系。
- 除了测试的主任务外，还要确定辅助任务清单（如培训等）。
- 形成 WBS 图。
- 进行任务的分配。测试任务分配有两种方式：按照功能模块划分和按照测试类型划分。按照功能模块划分是将同一个模块的功能测试、用户界面测试、相关的性能测试、兼容性测试等都让同一个工程师负责；按照测试类型划分是将所有性能测试分给一个工程师，将兼容性测试分给另一个工程师。前一种情况可以避免一个工程师要熟悉多个功能模块的问题，但是对工程师的技能要求比较高；后一种方式下，工程师需要熟悉产品的多个功能模块。

（4）评估测试工作量

该任务需要评估每个测试任务的工作量。目前没有任何一种方法能非常准确地评估出软件测试工作的工作量，要想更有效地做出估算，可以依靠经验和历史数据。主要的估算方法如下。

- 项目类比：分析以前的同类项目，参考其实际工作量。
- 同行专家判断法，由测试专家组根据经验共同评估，这是一种经验主义预估方法。
- 分解细化项目：任务分解得越细致，工作量也越准确，但是分得越细致，时间成本也越高。实际项目执行时，要在任务分解程度与时间成本之间取得一个平衡。
- 根据项目的 LOC 代码行数、FP 功能点等进行测试工作量评估。

（5）确定时间并生成进度计划

- 收集与进度相关的信息，比如总体工作量的估算结果、人员数量、关键资源、项目整体时间安排等。
- 确定关键里程碑时间点，如测试计划完成、测试用例编写完成、测试执行完成、测试总结完成。
- 确定各阶段任务的时间安排和人力资源分配。
- 依据项目的总体时间安排，形成测试的进度计划。

（6）确定测试过程监控方法

该任务需要明确例会与工作汇报周期，里程碑检查以及总结如何开展，发生哪些情况需要进行测试计划的变更。

（7）分析测试风险

识别测试中可能出现的风险，分析规避和应对的措施。

4.4.2 一个有用的辅助方法：5W1H 分析法

1932 年，美国政治学家拉斯维尔提出“5W 分析法”，后经过人们的不断运用和总结，逐步形成了一套成熟的“5W+IH”模式，即 5W1H 分析法。5W1H 分析法就是对工作进行科学的分析，就其工作内容（What）、责任者（Who）、工作岗位（Where）、工作时间（When）、怎样操作（How）以及为何这样做（Why）进行书面描述，并按此描述进行操作，达到完成职务任务的目标。海森堡说：“提出正确的问题，往往等于解决了问题的大半。”在制订测试计划时，人们也可以多问几个问题，借助 5W1H 分析法辅助编制测试计划。

- What（做什么）：测试范围和内容。
- Why（为什么做）：测试目的。
- When（何时做）：测试时间。
- Where（在哪里）：测试地点、文档和软件位置。
- Who（谁做）：测试人力资源。
- How（怎么做）：测试方法和工具。

一般情况下，在测试需求分析阶段确定 What 和 Why，在测试计划阶段确定 When、Where、Who、How。图 4-4 所示是使用 5W1H 分析法辅助制订测试计划过程中常见的问题。

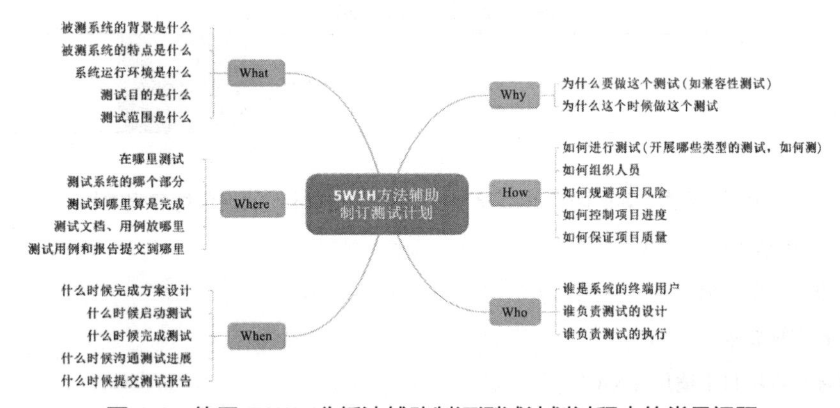

图 4-4 使用 5W1H 分析法辅助制订测试计划过程中的常见问题

4.4.3 测试计划编制注意事项

在制订测试计划时要注意以下事项，以便测试计划在测试开展时能够发挥指导作用。

① 结合实际，根据项目特点、公司实际情况制订，使计划确实能指导测试活动的开展。

测试计划不一定要尽善尽美，但一定要切合实际，要根据项目特点、公司实际情况来编制，不能脱离实际情况。

② 根据实际情况的不断变化进行调整，满足实际测试要求。

测试计划一旦制订下来，并不就是一成不变的，世界万事万物时时刻刻都在变化，软件需求、软件开发人员等都在时刻发生着变化，测试计划也要根据实际情况的变化而不断进行调整，以满足实际测试要求。

③ 从宏观上反映测试整体安排，避免过于详细。

测试计划要能从宏观上反映项目的测试任务、测试阶段、资源需求等内容，避免过于烦琐细致。

4.5 测试计划评审

测试计划作为测试活动的规划文档，对测试工作的开展有重要指导意义。测试计划编写完成后，一般要对测试计划的正确性、全面性及可行性等进行评审。评审人员的组成包括软件开发人员、项目经理、测试人员、测试负责人及其他有关项目负责人。

评审时可以参考《测试计划评审检查单》。该检查单可以辅助开展测试计划的评审活动，同时可以为测试计划制订者提供自检指导。

测试计划评审检查单与测试团队和被测试软件有很大关系，不同的企业会根据自己的实际情况制订不同的检查单，并在实践过程中不断完善检查单。检查单列出的是团队关注的测试计划要点以及在制订测试计划时容易遗漏的内容。

比如，表 4-2 所示是某企业的测试计划评审检查单。该检查单中有一项“是否覆盖了产品化相关测试（主要指帮助文档、多语言版本测试）”，此项有很强的针对性，由于该企业的项目大多是在原来的产品上进行功能的增加或修改，测试计划制订时往往会遗漏对新增加或修改后的帮助文档的测试，因此在检查单中添加了专门的检查项来避免遗漏，督促测试工程师养成去考虑这部分测试内容的习惯。

表 4-2 某企业的测试计划评审检查单

项目名称		作者	
检查者		检查日期	

说明:

（1）本检查单用于辅助测试计划的制订，指导项目组提升测试计划的规范性和完整性。

（2）检查结论包括 3 种。

是：满足检查项要求（YES）；

否：不满足检查项要求（NO）；

免：该检查项对本项目不适用（NA）。

（3）如果结论为否或免，则需填写结论补充说明。

续表

序号	检查项	结论	说明
1	测试目的是否明确		
2	测试需求（范围）是否清晰明确（包括要测试什么，不测试什么）		
3	测试需求是否覆盖了软件需求相关测试点		
4	采用的测试类型是否合理（主要依据测试需求分析得到，主要检查是否合理、有无遗漏）		
5	测试所需的测试环境是否明确（包括软件、硬件及网络环境）		
6	是否已明确定义测试的入口和出口准则，准则是否合理		
7	测试的时间进度和人员安排是否明确、合理（与项目或合同整体进度一致，不同阶段的时间分配合理）		
8	组织管理是否明确合理（主要包括角色和职责定义、汇报关系、缺陷如何管理）		
9	是否覆盖了产品化相关测试（主要指帮助文档、多语言版本测试）		
10	是否已识别测试可能遇到的关键风险，并制定了可行的规避或减轻措施		
11	文字描述是否清晰简洁、文档格式是否正确、术语使用是否规范		

4.6 测试计划的执行和监控

测试计划完成后要监督测试过程中计划的执行情况。在制订测试计划的同时，应该制订一个计划跟踪表或者进度表，在测试计划执行过程中定期查看执行情况是否符合预期。如果不符合预期，则分析可能的原因：是不是工作量分配的问题，工程师私人事情的耽误，工程师本身工作的能力问题，工程师的工作态度问题等。分析出原因后要根据实际情况进行调整或补救。比如对于存在的工作能力问题，可以通过培训进行提升；如果是工作量分配不合理，则可以重新评估分配。

4.7 项目实践任务四：制订项目测试计划

实践任务：

① 根据项目实际情况（时间、人员）制订测试计划。

② 将测试计划文档以“第×组-项目名称-测试计划”命名并提交。

实践指导：

① 可以参考软件测试计划模板。

② 制订项目测试计划要根据项目人员、投入时间等实际情况进行。

第 5 章 测试用例设计和管理

测试用例是软件测试的核心，本章主要讲述什么是测试用例、测试用例的关键属性、如何组织及编写测试用例、如何管理测试用例。

本章学习目标

- 理解测试用例的概念。
- 掌握测试用例的属性和设计方法。
- 了解测试用例的评审和管理要点。
- 能够根据理论组织编写，并管理项目的测试用例。

注重细节，
严谨负责

5.1 测试用例的概念和设计方法

5.1.1 测试用例的概念

测试用例（Test Case）是为某个特殊目标而编制的一组包含测试输入（数据以及步骤）、执行条件及预期结果的测试实例，以便测试某个程序是否满足某个特定需求。其本质是从测试的角度对被测对象各种特性的细节展开。通俗地讲，就是把测试的操作步骤和要求按照一定的格式用文字描述出来。测试用例的 3 个主要内容如下。

- 输入：包括输入数据以及操作步骤。数据尽量模拟用户输入，操作步骤要清晰简洁。
- 执行条件：指测试用例执行的特定环境和前提条件。
- 预期结果（输出）：在指定的输入和执行条件下的预期结果。这里要特别注意，预期结果不能只从程序的可见行为去考虑，比如说，在作业管理系统中单击“提交作业”，系统会提示“作业提交成功!”，这只是预期结果之一，它是一个显示的结果。提交是否成功还需要查看相应的数据记录是否更新，数据记录是否更新是一个隐式的预期结果。在这样的一个用例中，应该包含对隐式测试结果的验证手段：在数据库中执行查询语句进行查询，看查询结果是否与预期的一致。

5.1.2 测试用例的重要性

测试用例是把测试活动进一步转化为一个可实施和管理的行为，可以跟踪测试的需求，避免测试遗漏，也可以提升测试的复用率。测试用例对于测试活动至关重要。

软件测试要考虑如何以最少的人力、资源投入，在最短的时间内完成测试，发现软件系统的缺陷，保证软件的优良品质。影响软件测试的因素很多，例如软件本身的复杂程度、软件工程师（包括分析、设计、编程和测试的人员）的素质、测试方法和技术的运用等。

有些因素是客观存在的，无法避免，比如软件本身的复杂度，有些因素则是波动的、不稳定的，比如开发队伍是流动的，有经验的人走了，新人不断补充进来。

这种情形下，测试用例便是保障软件测试质量稳定性的一个重要手段。有了测试用例，无论是谁来测试，参照测试用例实施，都能保障测试的质量，这样就可以把人为因素的影响减少到最小。即便最初的测试用例考虑不周全，随着测试的进行和软件版本更新，也将日趋完善。

因此，测试用例的设计、编制和管理是软件测试活动的重要组成部分，是确保软件测试质量及其稳定的重要保障。

测试用例都是对需求充分分析然后设计出来的，测试用例的重用对提高测试质量和效率很重要，测试用例的重用是指一次设计多次执行。测试用例的重用可能发生在以下几种情况。

（1）人员更换

当发生人员变更时，新人员可以直接使用已经设计好的测试用例，不必重新设计。

（2）集成测试重用模块测试阶段的用例

在集成测试时，除了执行针对系统集成设计的测试用例外，还可以重用模块测试期间的测试用例，验证系统集成后模块功能是否正常。

（3）系统回归测试重用系统测试期间的测试用例

系统测试期间往往要进行多次回归测试，每次回归都可以重用系统测试用例。

（4）缺陷回归测试

为缺陷写一个测试用例，当缺陷得到解决或需要进行回归测试时，可以直接调用响应的测试用例。

（5）重用同类型项目的测试用例

软件项目有不同的类别，按业务类型划分有 ERP 软件、OA 办公软件、通信软件、地理信息系统软件等；按软件结构来划分有 B/S 架构的软件、C/S 架构的软件、单机版软件、嵌入式软件等。

大部分软件公司的项目可以分为固定的几大类，甚至是同一类或者同一个产品。对于同类软件的测试用例，相互之间有很大的借鉴意义。如果公司中有同类别的软件系统，则可以把相关的测试用例拿来参考。如果系统非常接近，有时对测试用例简单修改后就可以应用到当前被测试的软件。“拿来主义”可以极大地开阔测试用例设计思路，也可以节省大量的测试用例设计时间。

5.1.3　测试用例设计方法

关于测试用例的设计方法，可以参考软件测试基础课程中对测试用例设计方法的讲解，这里只做简单的回顾（见图 5-1）。总的来说，有黑盒测试和白盒测试两大类，每类又有不同的测试用例设计方法。

黑盒测试被称为功能测试或数据驱动测试。在测试时，把被测程序视为一个不能打开的黑盒子，在完全不考虑程序内部结构和内部特性的情况下进行。黑盒测试用例设计方法包括等价类划分法、边界值分析法、因果图法、判定表法、错误推测法等。

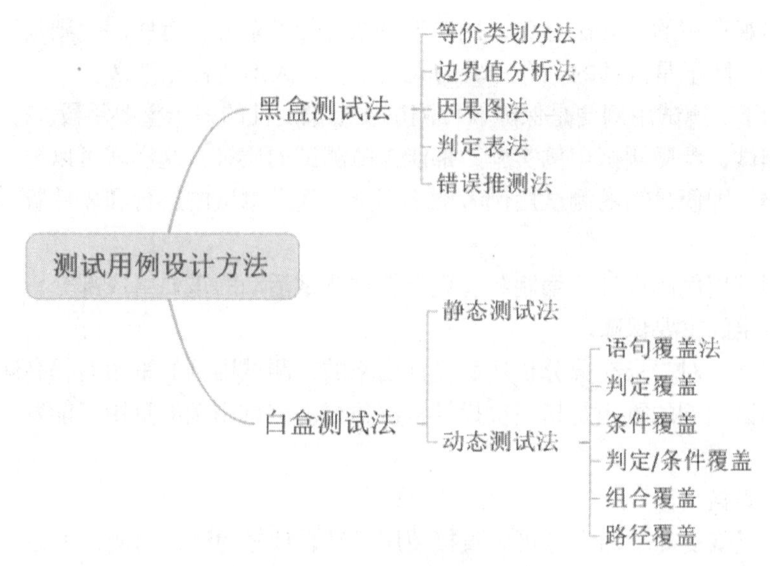

图 5-1　常用的测试用例设计方法

① 等价类划分法：把所有可能的输入数据，即程序的输入域，划分为若干部分（子集），然后从每一个子集中选取少数具有代表性的数据作为测试用例。

② 边界值分析法：边界值分析法就是对输入或输出的边界值进行测试的一种黑盒测试方法。通常，边界值分析法可作为对等价类划分法的补充，这种情况下，其测试用例来自等价类的边界。

③ 因果图法：这是一种利用图解法分析输入的各种组合情况，从而设计测试用例的方法。它适合于检查程序输入条件的各种组合情况。

④ 判定表（决策表）法：判定表法适用于分析和表达多逻辑条件下执行不同操作的情况，它能够将复杂的问题按照各种可能的情况全部列举出来，简明且避免遗漏。因此，利用判定表能够设计出完整的测试用例集合。

⑤ 错误推测法：基于经验和直觉推测程序中所有可能存在的各种错误，从而有针对性地设计测试用例的方法。

白盒测试也称结构测试或逻辑驱动测试，是针对被测单元内部如何进行工作的测试。它根据程序的控制结构设计测试用例，主要用于软件或程序验证。白盒测试又有静态测试和动态测试之分。

静态测试主要是指代码走查和分析。静态方法是指不运行被测程序本身，仅通过分析或检查项目的需求文档、设计文档、源程序的语法、结构、过程、接口等来检查程序的正确性。对需求规格说明书、软件设计说明书、源程序进行结构分析、流程图分析来发现错误。静态方法通过对程序静态特性的分析，找出欠缺和可疑之处，例如不匹配的参数、不适当的循环嵌套和分支嵌套、不允许的递归、未使用过的变量、空指针的引用和可疑的计算等。

动态测试主要是对代码的运行测试，包含多种覆盖方法。

① 语句覆盖：要求设计足够多的测试用例，使得程序中的每条语句至少被执行一次。

② 判定覆盖（分支覆盖）：它要求设计足够多的测试用例，使得程序中的每个判定至

少有一次为真值，有一次为假值，即程序中的每个分支至少执行一次。每个判断的取真、取假至少执行一次。

③ 条件覆盖：要求设计足够多的测试用例，使得判定中的每个条件获得各种可能的结果，即每个条件至少有一次为真值，有一次为假值。

④ 判定/条件覆盖：设计足够多的测试用例，使得判定中每个条件的所有可能结果至少出现一次，每个判定本身的所有可能结果也至少出现一次。

⑤ 组合覆盖：要求设计足够多的测试用例，使得每个判定中条件结果的所有可能组合至少出现一次。

⑥ 路径覆盖：设计足够多的测试用例，覆盖程序中所有可能的路径。

5.2 组织及编写测试用例

测试用例的设计主要根据测试需求进行，设计出的测试用例要按照规范的模式描述出来。测试用例的设计和编写是测试过程中的重要工作之一。

5.2.1 测试用例的属性

要编写测试用例，首先要明确测试用例的属性。测试用例的属性有很多，除了最基本的前提条件、测试环境、输入数据、执行步骤、预期结果之外，为了管理方便，还包括测试用例的编号、标题、所测需求、执行方式等（见表 5-1）。不同工具测试用例的属性大同小异，每个团队要根据自己的实际需要确定要使用的测试用例属性。

表 5-1 测试用例常见属性

编 号	属 性	属性描述
1	用例编号	一般为需求编号后紧跟 001、002……
2	标题（测试目的）	对测试用例的简要描述，测试用例标题应该清楚表达测试用例的用途，以方便搜索，比如“登录密码错误”
3	概述	对测试用例进行简要的描述，并说明测试的要点和注意事项。比如“测试用户登录时输入错误密码时，软件的响应情况”
4	预置条件	测试的前提条件，比如先用管理员登录
5	测试环境	测试的软件、硬件及网络环境
6	输入数据	描述测试用例的输入数据
7	执行步骤	测试用例的执行步骤，测试用例步骤不宜超过 15 步
8	预期结果	测试用例的预期结果
9	附件	辅助附件文档，比如要输入的文档、图片等
10	对应的脚本（可选）	测试执行时的脚本
11	优先级	用例的优先级，一般核心功能或基础功能涉及的用例为高优先级

续表

编号	属性	属性描述
12	涉及的需求	用例能测试到的需求点
13	实施类型	自动化、手工、半自动化
14	测试类型	用户界面测试、功能测试、接口测试、性能测试、兼容性测试、文档测试等
15	参考信息	需要参考的需求文档、相关标准等
16	创建人	测试用例的创建者
17	创建日期	测试用例创建的日期
18	历史记录	测试用例修改的历史记录
19	备注	其他说明

注意

测试用例的编号有一定的规则，比如系统测试用例的编号这样定义规则：ProjectName-ST-001，其命名规则是“项目名称-测试阶段类型（系统测试阶段）-编号”。合理地定义测试用例编号，可以更方便地查找测试用例，便于测试用例的跟踪。

5.2.2 测试用例的详细程度

在编写测试用例时会面临一个问题，测试用例步骤描述的详细程度要如何把握。理想的情况应该是测试用例详细记录所有的操作步骤，使一个没有接触过系统的人员也能执行该测试用例。但是，如此一来会大大增加测试用例的编写和维护时间，一旦测试环境、需求、设计或者实现发生了变化，测试用例都需要及时进行更新。目前，国内大部分软件公司的测试资源配备都不太充足，测试时间预留也不充分，测试用例的详细程度很难达到理想情况。

当然，测试用例也不是越简略越好，测试用例如果过于简单，除了用例的编写者之外，没有人能够看明白并执行；测试用例写得太详细，时间又消耗不起。面对这种矛盾，测试用例的详细程度要综合考虑测试资源（测试团队、测试时间等）、测试需要的实际情况，从而编写详细程度相对合理的测试用例。

如果测试用例的设计者、测试用例执行者、其他测试活动相关人员对系统了解得很深刻，测试用例就没有必要描写得太详细了，只要能交代清楚，达到沟通的目的就可以了。在测试用例评审阶段，评审相关人员可以对用例的详细程度进行评审。

在实际项目中，一般情况下，测试用例设计大约占测试时间的三分之一，测试用例设计人员可以参考这一时间比例开展工作。表 5-2 所示是某测试用例详细描述和粗略描述的对比。通过表 5-2 可以看出，测试用例的详略对测试用例编写的时间成本影响比较大，在实际项目执行时要根据实际情况把握测试用例的详略度。

表 5-2　某测试用例详细描述和粗略描述的对比

"在线课程作业管理系统"测试需求之作业提交功能：

学生用户登录后，可以为自己的"等待提交"状态作业提交答案，提交答案时可以输入文本描述，可以上传附件，附件支持 Word、PowerPoint、Excel 文档，以及 TXT、JPG、PNG、GIF 格式的文档。

为该功能设计的一个测试用例可以描述得很详细，也可以粗略描述。

说　明	输　入	步　骤	输　出
详细描述	文本描述.txt 作业答案.docx	① 输入用户名和密码，登录系统 ② 单击左侧导航栏中的"我的作业"按钮 ③ 选择一个状态为"等待提交"的作业，打开作业所在页面 ④ 单击"提交答案"按钮 ⑤ 输入答案文本描述 ⑥ 单击"添加附件"按钮，选择相应的 Word 文档 ⑦ 单击"确定提交"按钮	① 弹出"作业答案已提交！" ② 作业状态变为"等待批改" ③ 作业浏览，可以看到提交的答案
粗略描述	文本描述.txt 作业答案.docx	① 选择并打开"等待提交"状态的作业 ② 提交作业答案，输入文本描述，并选择 Word 文件作为附件 ③ 单击"提交"按钮	同上

5.2.3　测试用例编写模板

编写测试用例可以通过 Excel、Word 或者专门的测试管理软件，测试流程中应该定义测试用例的编写模板及测试用例编写指南。如果团队没有专门的测试流程，则在测试计划中应该约定测试用例的编写模板以确保整个团队的测试用例格式统一。

图 5-2 所示是 HP 测试管理工具 ALM 的测试用例提交页面，包括了测试用例详细信息、设计步骤、测试配置、需求覆盖率、历史记录等内容。

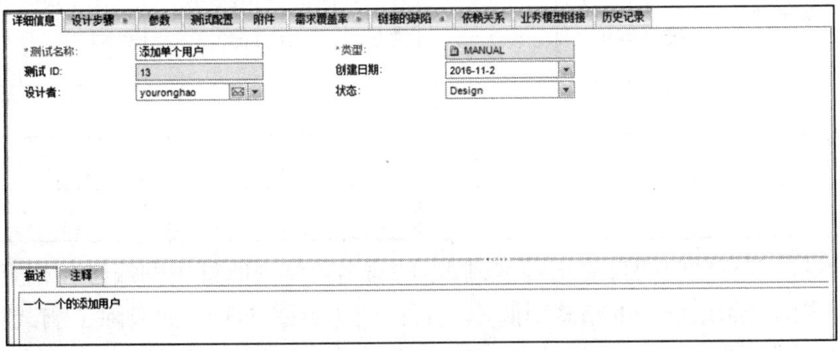

图 5-2　ALM 的测试用例提交页面

表 5-3 所示是某企业的测试用例编写模板，主要包括功能点、测试要点、用例编号、标题、输入、用例描述、期望结果、是否通过、实际结果和备注。

表 5-3　Excel 表创建的测试用例典型模板 1

<table>
<tr><th>功能点</th><th>测试要点</th><th>用例编号</th><th>标题</th><th>输入</th><th>用例描述</th><th>期望结果</th><th>是否通过</th><th>实际结果</th><th>备注</th></tr>
<tr><td rowspan="6">Fun1.用户注册和登录</td><td rowspan="4">用户注册</td><td>Fun1_001</td><td></td><td></td><td></td><td></td><td></td><td></td><td></td></tr>
<tr><td>Fun1_002</td><td></td><td></td><td></td><td></td><td></td><td></td><td></td></tr>
<tr><td>Fun1_003</td><td></td><td></td><td></td><td></td><td></td><td></td><td></td></tr>
<tr><td>Fun1_004</td><td></td><td></td><td></td><td></td><td></td><td></td><td></td></tr>
<tr><td rowspan="2">用户登录</td><td>Fun1_005</td><td></td><td></td><td></td><td></td><td></td><td></td><td></td></tr>
<tr><td>Fun1_006</td><td></td><td></td><td></td><td></td><td></td><td></td><td></td></tr>
<tr><td rowspan="7">Fun2.数据导出和打印</td><td rowspan="4">数据导出</td><td>Fun2_001</td><td></td><td></td><td></td><td></td><td></td><td></td><td></td></tr>
<tr><td>Fun2_002</td><td></td><td></td><td></td><td></td><td></td><td></td><td></td></tr>
<tr><td>Fun2_003</td><td></td><td></td><td></td><td></td><td></td><td></td><td></td></tr>
<tr><td>Fun2_004</td><td></td><td></td><td></td><td></td><td></td><td></td><td></td></tr>
<tr><td rowspan="3">数据打印</td><td>Fun2_005</td><td></td><td></td><td></td><td></td><td></td><td></td><td></td></tr>
<tr><td>Fun2_006</td><td></td><td></td><td></td><td></td><td></td><td></td><td></td></tr>
<tr><td>Fun2_007</td><td></td><td></td><td></td><td></td><td></td><td></td><td></td></tr>
</table>

表 5-4 所示是使用 Excel 创建的测试用例模板的另外一种形式。在实际项目执行过程中，在设计测试用例模板时要根据项目和团队的实际情况来设计，切忌生搬硬套。

表 5-4　Excel 表创建的测试用例典型模板 2

XX 系统测试用例							
用例编号	测试模块	标题	重要级别	预置条件	输入	执行步骤	预期输出
SRS01-001	登录功能	登录界面正确性验证	低	登录页面正常显示	打开登录页面	打开登录页面	界面显示文字和按钮文字显示正确

如果测试用例有对应的自动化脚本，脚本的命名要体现测试用例编号和相应的关键字，并且要在脚本的开始用统一的格式对脚本进行说明（见图 5-3）。如果除了测试脚本外，没有其他文档对脚本进行详细描述，则要在测试脚本中体现测试用例的相关属性。

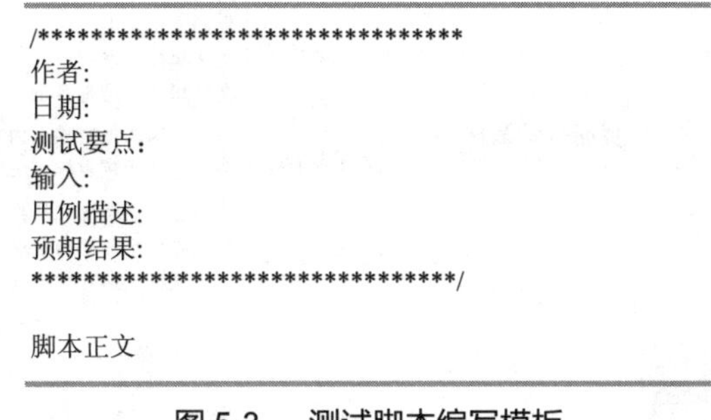

/********************************
作者:
日期:
测试要点：
输入:
用例描述:
预期结果:
********************************/

脚本正文

图 5-3 测试脚本编写模板

5.2.4 测试用例编写指南

一般情况下，工程师对自己负责的测试需求分析的模块比较熟悉，分配测试用例设计任务时，可以直接由负责测试需求分析的测试工程师对相应需求进行测试用例的设计和编写。

测试用例的编写必须依据测试需求，可以参考编写模板和编写指南。测试流程中应该提供测试用例编写指南，测试用例编写指南一般包括但不限于以下内容。

- 测试用例编写的模板及其说明。
- 与测试业务匹配的常见测试用例设计方法及测试类型。
- 与测试业务匹配的常见测试需求及其测试要点、测试用例设计角度。

根据前面章节中对测试类型的分析，不同类型的软件特点不同，其测试类型也不同。但是同一种类型的软件，其测试类型和测试用例都有相似和可以借鉴之处，在设计测试用例的时候，要善于借鉴相关的用例设计，这样不但可以提高测试用例编写的效率，也可以提高测试用例的完备程度和质量。所以在编写测试用例时不一定从零开始编写，以下是一些好的做法。

① 第一，通常情况下可以借鉴以往类似项目的测试用例。比如，Web 软件系统的注册和登录测试、软件的安装卸载测试等测试项在同类软件中都有很高的相似性，可借鉴意义较大。

② 第二，对于已经完成的测试用例可以不断地补充完善，以作为下次测试用例设计的基础。可以补充完善的方面很多：可能在测试执行时发现了不足并进行完善，也可能对客户提交的缺陷进行分析并补充测试用例。

③ 第三，善于总结。项目结束后要善于对项目进行总结，总结归纳测试用例设计中的经验和可借鉴的部分。

【例 5-1】找一个 B/S 架构的 Web 信息系统开展测试，测试结束后，你能总结一下此类系统测试用例设计的角度吗？

图 5-4 所示是企业测试工程师测试完 B/S 架构的 Web 信息系统软件后总结的功能测试的测试用例设计角度，这里只取了全部总结内容的一部分。

信息系统最基本的操作就是增删改查，工程师识别出这类软件测试的共性，总结出了新增、删除、修改、搜索、有列表的页面几种通用页面的测试用例设计要点和注意事项。

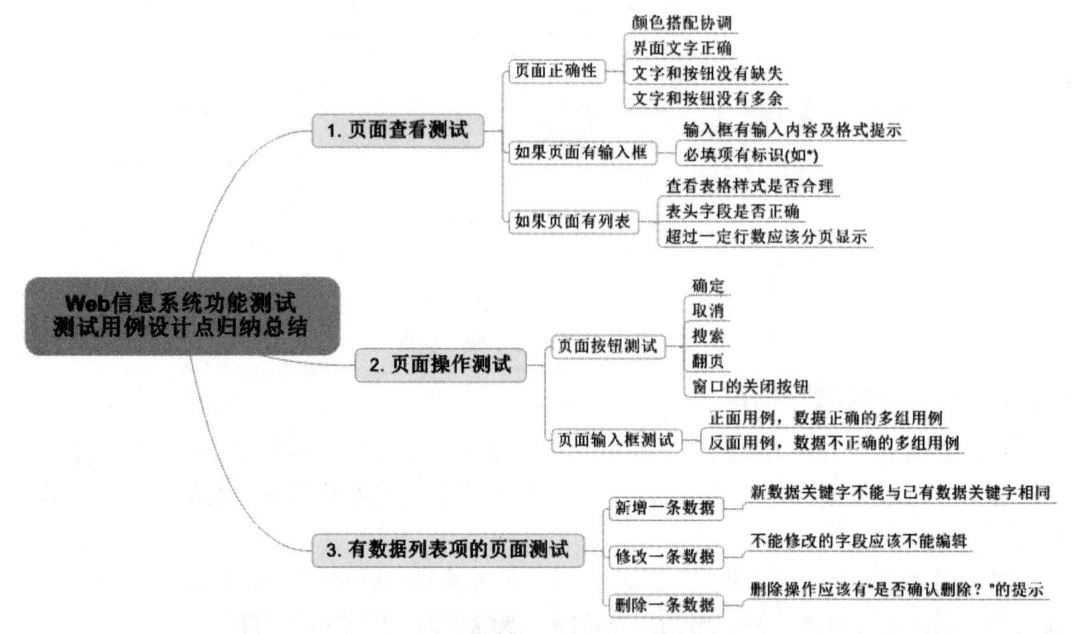

图 5-4　Web 信息系统软件的功能测试的测试用例设计角度

【例 5-2】假如有一个运行在 Windows 系统的单机版应用软件，让你负责测试该软件的安装卸载，你应该测试哪些内容？

表 5-5 所示是某企业安装卸载测试的测试用例，如果要求一个测试工程师一次性设计全面的、完善的测试用例并不容易，有两种方式可以让测试用例尽可能完善，一种是借鉴以往的或者别人的类似项目的测试用例，另一种是在第一版本的基础上不断补充测试用例。

根据表中内容，在安装完成后对帮助文档进行了检查。一般情况下，人们会认为能不能打开帮助文档应该属于功能测试。之所以有这样一条测试用例，是因为该产品的安装包出现了几次安装后不能链接到帮助文档的问题，或者发现帮助文档的语言版本不正确（比如简体中文版的帮助文档是日文），该测试用例并不测试帮助文档本身是否正确，测试的是帮助文档的位置和语言版本是否正确。

表 5-5　某单机版软件安装卸载测试用例

功能模块	测试要点	预期结果
安装过程	安装程序-默认路径	① 安装程序能正常启动，正常执行 ② 安装过程中的说明文字正确 版本信息正确 安装协议联系方式正确 无错别字，语句通顺 无乱码 ③ 安装进度条显示正确

续表

功能模块	测试要点	预期结果
安装过程	安装程序-自定义路径	同上
	安装程序-磁盘空间不足	① 提示磁盘空间不足 ② 可以重新设置安装路径并顺利安装
	安装程序-中途取消	① 能够取消安装 ② 取消后没有文件被安装，不对系统造成影响
安装完成（这个时候不要启动软件）	安装完成-快捷方式检查	① 桌面快捷方式图标和文字正确 ② 安装后“开始→程序”的启动菜单齐全、正确（个数、文字、图标） ③ 控制面板快捷方式正确（文字、图标）
	安装完成-程序安装目录检查	程序被安装到指定的安装路径下，文件、目录等都正确
	安装完成-注册表检查	在注册表对应的地方生成正确的条目 currentuser:HKEY_CURRENT_USER\Software\ machine:HKEY_LOCAL_MACHINE\SOFTWARE\
启动软件	软件启动	软件能正常启动
	安装后版本号检查	软件启动后的版本描述正确
	启动菜单各项关联检查	对于安装后的“开始→程序”启动菜单，选择每一个选项都能正确运行
	帮助文档检查	通过帮助文档菜单或者F1键能链接到帮助文档 帮助文档的语言种类正确，没有乱码
软件冲突检查	再次安装同一个版本	再次安装同一个版本，则出现已经安装且不能再次安装的提示
卸载软件	启动状态下卸载软件	启动软件，然后去卸载软件，应该提示软件在运行，不能卸载
	软件关闭状态卸载软件	关闭软件，再卸载软件，卸载程序能正常启动
	取消卸载	取消卸载后软件能正常使用
	卸载软件	真正卸载软件，卸载程序的界面正确
	卸载后检查	注册表相应条目被删除 “开始→程序”菜单相应条目被删除 桌面快捷方式被删除 控制面板相应条目被删除 安装目录下的文件，除了用户添加的文件外都被删除

续表

功能模块	测试要点	预期结果
不同 Windows 系统兼容性测试	Windows 7，64 位 Windows 2008，32 位	在不同的 Windows 版本上测试安装卸载过程

5.3 测试用例的评审

测试用例设计完毕后，最好能够增加评审环节。测试用例评审时的评审人员应该包括产品相关的需求人员、测试人员和开发人员，收取评审意见后根据评审意见更新测试用例。

如果认真执行这个环节，测试用例中的很多问题都会暴露出来，比如用例设计错误、用例设计遗漏、用例设计冗余、用例设计不充分等。但是在实际执行时，由于测试用例数量比较多，内容比较细致，评审起来要花费的时间也比较多，再加上对评审的重视不够，因此往往不能达到预期的效果，建议通过以下方法来提高评审的效果：只评审核心模块测试用例、将评审时间加入工作计划中、加强对评审的重视等。

测试流程中应该提供测试用例评审检查单，评审人员在评审的时候可以参考检查单。测试用例的评审检查单列出了编写测试用例时的一些注意事项，每个企业因为测试业务不同，其检查单也不尽相同。检查单中列出的是流程规范化要求、业务特别关注的测试用例要求及以往出错比较多的点。表 5-6 所示是某企业测试用例评审检查单。

表 5-6　某企业测试用例评审检查单

系统测试用例检查单

说明:

① 本检查单用于检查项目组相关活动的执行情况，指导项目组如何提高流程执行的符合度和规范性。

② 检查结论包括以下 3 种。

是：满足检查项要求（Yes）；否：不满足检查项要求（No）；免：该检查项对本项目不适用（NA）。

③ 如果结论为否或免，需填写结论补充说明。

项目名称	
作者	
检查日期	
检查人员	
检查项状态标记	Yes-满足要求　　No-不满足要求　　NA-检查项不适用该项目

编　　号	主要检查项	状　　态	说　　明
1	测试用例是否按照规定的模板进行编写（编号、标题、优先级等）		
2	测试用例的测试对象（测试需求）是否清晰明确		

续表

编号	主要检查项	状态	说明
3	测试用例是否覆盖了所有的测试需求点		
4	测试用例本身的描述是否清晰（包括输入、预置条件、步骤描述、期望结果）		
5	测试用例执行环境是否定义明确且适当（测试环境、数据、用户权限等）		
6	测试用例是否包含了正面、反面的用例		
7	测试用例是否具有可执行性		
8	测试用例是否根据需要包含了对后台数据的检查		
9	是否从用户使用系统的场景角度设计测试用例		
10	测试用例是否冗余		
11	自动化测试脚本是否带有注释		

5.4 测试用例的管理

5.4.1 测试用例的组织和维护

组织测试用例一般有两种方式：按照功能模块组织、按照测试类型组织。

- 按照功能模块组织是将属于某模块的功能测试用例、性能测试用例、兼容性测试用例等一起编号、管理。
- 按照测试类型组织是将所有功能模块的性能测试、兼容性测试分别编号、管理。

需要注意的是，测试用例写完以后并不是一成不变、一劳永逸的，它需要不断地进行及时更新和维护。测试用例需要更新的原因可能有以下几种。

① 在测试执行过程中可能发现有测试遗漏或设计错误，需要进行测试用例的补充和修改。

② 测试需求发生变化时，需要及时更新测试用例。

③ 软件设计发生变化时，需要及时更新测试用例。

④ 发现设计错误或用例无法执行，需要及时进行修改。

⑤ 发现测试用例有冗余，需要及时进行删除。

总之，及时地更新测试用例是很好的习惯。不要在测试执行结束后再统一更新测试用例，如果这样，往往会遗漏很多本应该更新的测试用例。

5.4.2 测试用例的统计分析

通过对测试用例的统计分析可以观察测试用例的执行效率以及分布合理性。测试用例常见的分析项如下。

① 测试用例的自动化率：自动化率是评估测试自动化程度的重要指标，一般在进行测试计划时要考虑是否可以提升测试自动化程度。

$$测试用例自动化率=\frac{自动化测试用例数量}{测试用例总数量}$$

② 功能测试和非功能测试的比例：为了避免只关注功能测试而忽略非功能测试，该比例值可以标识对非功能测试的关注。如果比例过高，则用例的设计可能存在不合理性。有时也会用非功能测试用例占总测试用例的比例来评估对非功能测试的关注。

$$功能测试与非功能测试比例=\frac{功能测试的测试用例数量}{非功能测试的测试用例总数量}$$

③ 测试用例通过率：测试执行完毕后，测试用例通过率是评估被测对象质量的重要指标，一般这个指标要在 90%以上。

$$测试用例自通过率=\frac{测试通过的测试用例数量}{总测试用例数量}$$

④ 各模块测试用例分布：指对各功能模块的测试用例分布进行统计。人们可以根据经验和模块规模大小评估测试用例数量的合理性，一般可以通过表格、柱状图或饼状图来进行分析。图 5-5 所示是某系统各模块测试用例分布图。

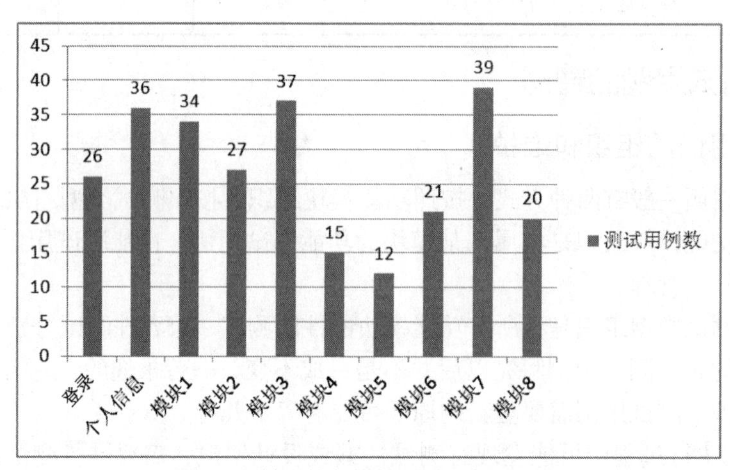

图 5-5　某系统各模块测试用例分布图

⑤ 正面测试用例与反面测试用例的比例：通过这一比例可以评估测试用例设计的完备性。如果比例过高，则说明反面测试用例可能考虑不充分。

小知识

正面测试用例与反面测试用例

正面测试用例就是测试系统是否完成了它应该完成的工作，相应的测试用例也是沿着系统期望路线的，不发生任何偏差；反面测试用例就是测试系统是否不执行它不应该完成的操作，其测试用例反映某个无法接受、反常或意外的条件或数据，用于论证只有在所需条件下才能够满足需求点。

5.4.3　设置测试用例执行顺序

在测试用例执行过程中，会发现每个测试用例都对测试环境有一定的要求，同时，用例执行后对测试环境也可能有影响。因此，需要分析测试用例的关系，定义测试用例的执行顺序，以便明确测试用例的执行关系，提高测试用例执行效率。以下是需要考虑测试用例执行顺序的情形举例。

- 某些异常测试用例会导致服务器频繁重新启动，服务器的每次重新启动都会消耗大量的时间，导致这部分测试用例的执行也消耗很多的时间。这部分测试用例要指定专门的时间段进行测试，不能随时进行。
- 有些测试用例依赖于别的测试用例，例如用户修改密码的测试用例，其执行的前提条件是用户登录测试用例已经通过测试。
- 信息系统大部分都包含添加数据、修改数据、删除数据的操作。如果测试时按照“添加数据→删除数据→修改数据”的顺序执行，那么修改数据执行时需要重新添加一批数据。如果按照“添加数据→修改数据→删除数据”的顺序执行测试用例，则会比较节省时间。

因此，合理地定义测试用例的执行顺序是很有必要的，但并不是所有的测试用例都需要定义与其他用例之间的执行关系。大部分时候，人们可以将用例之间的关系理解为并行的，相比手工测试，定义测试用例的执行顺序对自动化测试来说更为重要。

一般可以在撰写测试用例时考虑有没有特别的执行顺序和要求，如果有则可以记录到测试用例的前提条件中，也可以为测试用例建立一个专门的字段来存储该用例所依赖的用例和其他特殊要求。

5.5 测试用例管理工具

为了更好地管理测试用例，测试团队可以引入测试用例管理工具。测试用例管理工具应该支持的一般性功能如下。

① 测试用例的输入和修改更新。

② 测试用例执行的分配以及执行结果跟踪（执行过几次，每次的结果如何）。

③ 测试用例的统计分析。

④ 测试用例的查询搜索功能。

⑤ 测试用例的导入和导出。

⑥ 支持多人同时进行用例编辑：由于测试工作一般都是团队运作的，用例管理工具最好能支持多人同时编辑。

除了一般性功能之外，测试用例管理工具如果能支持下列高级功能则更好。

① 能与缺陷管理系统紧密集成（能连接到用例执行不通过时记录的缺陷）。

② 能够与测试需求管理工具集成：由于测试用例是根据测试需求来编写的，如果可以将测试需求和测试用例关联起来，则更加方便。

③ 测试用例的版本管理功能。

④ 测试用例属性定制功能：各个测试团队用到的测试用例属性不尽相同，可以允许用户根据自身需要定制相应的属性。

测试用例管理工具有很多种，大部分测试管理工具具有测试用例管理的功能，也有一些专门的测试用例管理工具，这里简要介绍几个。

- Excel/Word。在没有专门工具的情况下，可以用 Excel 或者 Word 来管理测试用例。

根据测试用例的具体格式和数据可知，Excel 比 Word 更适用于管理测试用例，条理比较清晰。但是 Excel 不能多人同时编辑。另外，当测试用例条目比较多时，Excel 不容易维护和跟踪。

● 专门的测试用例管理工具。一般集成在测试管理工具和项目管理工具中，如 HP 的 ALM 工具。

5.6 实践举例：手机闹钟功能测试用例

闹钟功能是手机的必备功能，这里给出手机闹钟功能的测试用例列表（见表 5-7），供大家参考，以便了解测试用例具体如何撰写。注意，这里只列出了必要字段，优先级、所属模块等没有列出。

表 5-7 手机闹钟功能测试用例

用例编号	用例标题	前提条件	输入数据	操作步骤	期望结果	测试用例类型
1	闹钟新建—增添闹钟	① 手机能正常使用 ② 手机处于开机状态 ③ 时间为 24 小时制	无	① 单击添加 ② 进入闹钟设置界面，设置时间，单击完成	成功添加闹钟	功能测试
2	闹钟新建—设置多个闹钟	① 手机能正常使用 ② 手机处于开机状态 ③ 时间为 24 小时制	闹钟时间调至 9:00	设置 10 个闹钟，时间都一样	闹钟被允许设置	功能测试
3	闹钟响起—开机状态	① 手机能正常使用 ② 手机处于开机状态 ③ 时间为 24 小时制	闹钟时间调至现时间后 3 分钟	① 等待至所设置时间，闹钟是否会响起 ② 单击关闭闹钟	① 闹钟响起 ② 闹钟关闭不再响起	功能测试
4	闹钟响起—关机状态	① 手机能正常使用 ② 手机处于开机状态 ③ 时间为 24 小时制	闹钟时间调至现时间后 3 分钟	① 设置好闹钟时间后关闭手机 ② 关闭闹钟	① 闹钟响起 ② 闹钟关闭不再响起	功能测试
5	闹钟响起—是否关闭	① 手机能正常使用 ② 手机处于开机状态 ③ 时间为 24 小时制	闹钟时间调至现时间后 3 分钟	① 闹钟时间到时，选择是否关闭闹钟 ② 单击“否”	闹钟继续响	功能测试

续表

用例编号	用例标题	前提条件	输入数据	操作步骤	期望结果	测试用例类型
6	闹钟响起—无电量状态	① 手机能正常使用 ② 手机处于关机状态 ③ 时间为24小时制	闹钟时间调至现时间后3分钟	设置好闹钟时间后，把手机电量用尽至关机	闹钟不响起	功能测试
7	闹钟响起—铃响时自动关机	① 手机能正常使用 ② 手机处于开机状态，且进入低电量预警状态 ③ 时间为24小时制	闹钟时间调至现时间后3分钟	设置好闹钟时间后，把手机用到时间到时，手机正好自动关机	闹钟响起	功能测试
8	闹钟响起—浏览网页状态	① 手机能正常使用 ② 手机处于开机状态 ③ 时间为24小时制	闹钟时间调至现时间后3分钟	① 浏览网页时，设定的闹铃时间到 ② 单击关闭闹钟	① 闹钟响起 ② 闹钟关闭后停留在浏览的网页界面	功能测试
9	闹钟响起—编辑短信状态	① 手机能正常使用 ② 手机处于开机状态 ③ 时间为24小时制	闹钟时间调至现时间后3分钟	① 编辑短信时，设定的闹铃时间到 ② 单击关闭闹钟	① 闹钟响起 ② 闹钟关闭后返回到编辑短信界面	功能测试
10	闹钟响起—插入内存卡	① 手机能正常使用 ② 手机处于开机状态 ③ 时间为24小时制	闹钟时间调至现时间后3分钟	插入内存卡时，设定的闹铃时间到	闹钟停顿几秒后响起	冲突测试
11	闹钟响起—拔出内存卡	① 手机能正常使用 ② 手机处于开机状态 ③ 时间为24小时制	闹钟时间调至现时间后3分钟	拔出内存卡时，设定的闹铃时间到	①闹钟停顿几秒后响起 ②铃声变成默认铃声	冲突测试
12	闹钟响起—插入充电器	① 手机能正常使用 ② 手机处于开机状态 ③ 时间为24小时制	闹钟时间调至现时间后3分钟	插入充电器时，设定的闹铃时间到	闹钟响起	冲突测试
13	闹钟响起—拔出充电器	① 手机能正常使用 ② 手机处于开机状态 ③ 时间为24小时制	闹钟时间调至现时间后3分钟	拔出充电器时，设定的闹铃时间到	闹钟响起	冲突测试

续表

用例编号	用例标题	前提条件	输入数据	操作步骤	期望结果	测试用例类型
14	闹钟响起—来电接听状态	① 手机能正常使用 ② 手机处于开机状态 ③ 时间为 24 小时制	闹钟时间调至现时间后 3 分钟	闹钟响起时，来电接听	闹钟停止响起，挂断后继续响起	冲突测试
15	闹钟响起—来电不接听状态	① 手机能正常使用 ② 手机处于开机状态 ③ 时间为 24 小时制	闹钟时间调至现时间后 3 分钟	闹钟响起时，来电不接听，等对方挂断	闹钟停止响起，对方挂断后继续响起	冲突测试
16	闹钟响起—挂电话	① 手机能正常使用 ② 手机处于开机状态 ③ 时间为 24 小时制	闹钟时间调至现时间后 3 分钟	闹钟响起时，挂电话	闹钟响起	冲突测试
17	闹钟响起—插入耳机	① 手机能正常使用 ② 手机处于开机状态 ③ 时间为 24 小时制	闹钟时间调至现时间后 3 分钟	闹钟响起时，插入耳机	闹钟停顿几秒后在耳机里响起	冲突测试
18	闹钟响起—拔出耳机	① 手机能正常使用 ② 手机处于开机状态 ③ 时间为 24 小时制	闹钟时间调至现时间后 3 分钟	闹钟响起时，拔出耳机	闹钟停顿几秒后响起	冲突测试
19	闹钟响起—插入 SIM 卡	① 手机能正常使用 ② 手机处于开机状态 ③ 时间为 24 小时制	闹钟时间调至现时间后 3 分钟	闹钟响起时，插入 SIM 卡	闹钟停顿一秒后响起	冲突测试
20	闹钟响起—拔出 SIM 卡	① 手机能正常使用 ② 手机处于开机状态 ③ 时间为 24 小时制	闹钟时间调至现时间后 3 分钟	闹钟响起时，拔出 SIM 卡	闹钟停顿一秒后响起	冲突测试
21	闹钟响起—长按关机键	① 手机能正常使用 ② 手机处于开机状态 ③ 时间为 24 小时制	闹钟时间调至现时间后 3 分钟	闹钟响起时，长按关机键	① 闹钟响起 ② 闹钟关闭，手机关机	冲突测试
22	闹钟响起—发送短信状态	① 手机能正常使用 ② 手机处于开机状态 ③ 时间为 24 小时制	闹钟时间调至现时间后 5 分钟	闹钟与短信发送同时进行	闹钟响起，短信同时发送	冲突测试

续表

用例编号	用例标题	前提条件	输入数据	操作步骤	期望结果	测试用例类型
23	闹钟设置—开启闹钟	① 手机能正常使用 ② 手机处于开机状态 ③ 时间为 24 小时制	闹钟时间调至现时间后 3 分钟	① 开启闹钟，观察闹钟图标会不会出现在手机上方的状态栏中 ② 等到设置时间到，看闹钟是否会响起	① 闹钟图标出现在手机上方的状态栏中 ② 到时间，闹钟响起	功能测试
24	闹钟设置—关闭闹钟	① 手机能正常使用 ② 手机处于开机状态 ③ 时间为 24 小时制	闹钟时间调至现时间后 3 分钟	① 关闭闹钟，观察闹钟图标会不会从手机上方的状态栏消失 ② 等到设置时间到，看闹钟是否会响起	① 闹钟图标从手机上方的状态栏中消失 ② 时间到，闹钟不响起	功能测试
25	闹钟设置—闹钟名称	① 手机能正常使用 ② 手机处于开机状态 ③ 时间为 24 小时制	闹钟时间调至现时间后 3 分钟	① 在闹钟设置里给闹钟命名 ② 闹钟时间到则关闭闹钟	闹钟响起，并显示所设置的闹钟名称	功能测试
26	闹钟设置—重复每天	① 手机能正常使用 ② 手机处于开机状态 ③ 时间为 24 小时制	闹钟时间调至 9:20	① 设置重复为每天 ② 闹钟时间到则关闭闹钟	闹钟每天都会在所设置的时间响起	功能测试
27	闹钟设置—重复工作日	① 手机能正常使用 ② 手机处于开机状态 ③ 时间为 24 小时制	闹钟时间调至 9:30	① 设置重复为工作日 ② 闹钟时间到则关闭闹钟	闹钟工作日会在所设置的时间响起，周末不响	功能测试
28	闹钟设置—稍后提醒	① 手机能正常使用 ② 手机处于开机状态 ③ 时间为 24 小时制	闹钟时间调至现时间后 3 分钟	① 设置稍后提醒为 10 分钟后 ② 闹钟时间到后不操作闹钟	闹钟响起后无人操作，在 10 分钟后会再次响起	功能测试

续表

用例编号	用例标题	前提条件	输入数据	操作步骤	期望结果	测试用例类型
29	闹钟设置—系统铃声	① 手机能正常使用 ② 手机处于开机状态 ③ 时间为24小时制	闹钟时间调至现时间后3分钟	① 设置闹钟铃声为系统铃声 ② 关闭闹钟	① 闹钟响起时，播放所设置的系统铃声 ② 关闭闹钟后，铃声停止	功能测试
30	闹钟设置—自定义铃声	① 手机能正常使用 ② 手机处于开机状态 ③ 时间为24小时制	闹钟时间调至现时间后3分钟	① 设置闹钟铃声为自定义铃声 ② 关闭闹钟	① 闹钟响起时,播放所设置的自定义铃声 ② 关闭闹钟后，铃声停止	功能测试
31	闹钟设置—振动	① 手机能正常使用 ② 手机处于开机状态 ③ 时间为24小时制	闹钟时间调至现时间后3分钟	① 设置闹钟为响起时振动 ② 关闭闹钟	① 闹钟响起时，手机同时振动 ② 关闭闹钟后，振动停止	功能测试
32	闹钟设置—同时设置重复、设置铃声	① 手机能正常使用 ② 手机处于开机状态 ③ 时间为24小时制	闹钟时间调至9:00	设置闹钟每天重复,并设置铃声为本地铃声	闹钟每天同一时间响起，并且播放的是所设置的本地铃声	功能测试
33	闹钟设置—同时设置振动和铃声	① 手机能正常使用 ② 手机处于开机状态 ③ 时间为24小时制	闹钟时间调至现时间后3分钟	设置闹钟响起时振动，并设置铃声为自定义铃声	闹钟响起并振动，并且播放的是所设置的自定义铃声	功能测试
34	闹钟删除—删除一个闹钟	① 手机能正常使用 ② 手机处于开机状态 ③ 时间为24小时制	无	① 长按所需删除的闹钟 ② 单击删除	闹钟被删除	功能测试
35	闹钟删除—清空闹钟	① 手机能正常使用 ② 手机处于开机状态 ③ 时间为24小时制	无	① 随意长按一个闹钟，出现选项框后，选择全部闹钟 ② 单击删除	闹钟列表被清空	性能测试

续表

用例编号	用例标题	前提条件	输入数据	操作步骤	期望结果	测试用例类型
36	闹钟删除—同时删除多个闹钟	① 手机能正常使用 ② 手机处于开机状态 ③ 时间为 24 小时制	无	删除手机里的 10 个闹钟	闹钟全被删除	性能测试

5.7 项目实践任务五：编写并管理项目测试用例

实践任务：

① 根据测试需求，完成项目测试用例的设计和开发。

② 将测试用例整理在 Excel 文档中，提交时文件以“第 × 组-项目名称-测试用例”命名。

实践指导：

① 用工具管理测试用例可以选择 ALM、Excel 或其他工具。

② 可以参考软件测试用例相应的模板。

小知识

一直以来，测试用例生成技术是软件测试领域研究的热门方向，国内外学者针对测试用例生成技术已经提出若干种方法，如基于模型的测试用例生成方法、组合测试用例生成方法、基于需求的测试用例生成方法、基于录制与回放的测试用例生成方法等。尽管测试用例生成研究成果层出不穷，但是测试用例自动生成还有很多未克服的困难，另外，对于如何有效地将研究成果真正应用到实际测试用例生成中，还缺乏有效的解决方案。

第6章 测试缺陷管理及分析

软件缺陷是评估被测对象的重要指标，本章主要讲述什么是软件缺陷、缺陷产生的原因、缺陷的生命周期、如何报告一个缺陷、如何对缺陷进行统计分析。

本章学习目标

- 了解软件缺陷的概念以及缺陷产生的原因。
- 掌握软件缺陷的生命周期。
- 掌握提交一个好的缺陷报告的要点。
- 掌握常见的缺陷分析统计方法。
- 能够根据理论开展测试缺陷的报告和统计分析。

慧眼识缺陷，透过现象看本质

6.1 软件缺陷的概念

6.1.1 软件缺陷

软件缺陷（Defect\Bug）是计算机软件或程序中存在的会导致用户不能或者不方便完成功能的问题、错误，或者隐藏的功能缺陷。缺陷的存在会导致软件产品在某种程度上不能满足用户的需要。

IEEE 729—1983 对缺陷的标准定义：从产品内部看，缺陷是软件产品开发或维护过程中存在的错误、毛病等各种问题；从产品外部看，缺陷是系统所需要实现的某种功能的失效或违背。

在软件的开发测试过程中，项目组会特别关注软件缺陷的状况，这是因为，一方面，软件缺陷状况是项目质量和状态的重要指示数据，另一方面，越到软件生命周期的后期，修复软件缺陷的成本越高。

常见的软件缺陷举例如下：

- 功能没有实现或与需求规格说明不一致；
- 界面、消息、提示、帮助不够准确或误导用户；
- 屏幕显示、打印结果不正确；
- 软件无故退出或没有反应；
- 与常用的交互软件不兼容；
- 边界条件未做处理，输入错误数据没有提示和说明；
- 运行速度慢或占用资源过多。

6.1.2　软件缺陷产生的原因

在软件开发的过程中，软件缺陷的产生是不可避免的，“零缺陷”是软件产品追求的理想，但是软件很难达到这个状态。导致软件缺陷产生的原因也是多种多样的，软件工程过程中的人、工具等都有可能导致产生软件缺陷，过程中的每一个环节都有可能产生缺陷。概括来说，这些原因可以归结为四大类（见图 6-1）。

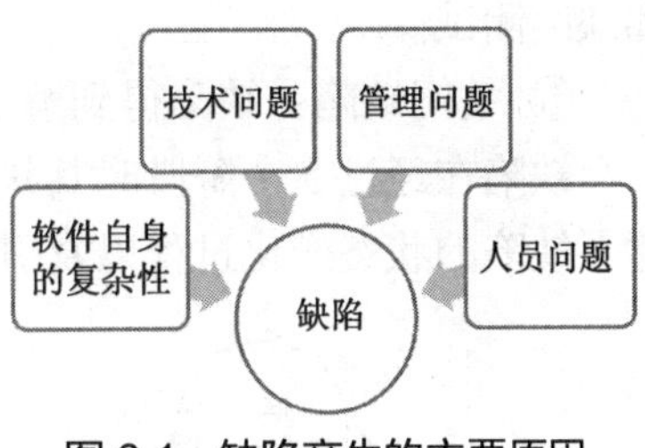

图 6-1　缺陷产生的主要原因

1. 软件自身的复杂性

软件本身无论是在开发期和运行维护期都具有复杂性和抽象性的特点。在产品真正完成之前，每个人对软件的理解都不完全相同，这种复杂和抽象使得软件容易出现缺陷。比如软件运行环境的复杂性，除了用户使用的计算机环境千变万化外，用户的操作方式和输入的各种不同的数据也容易引起一些特定用户环境下的问题。

2. 技术问题

软件技术虽然快速发展，但是用户对软件产品的期望（包括功能、速度、智能性等方面）也是不断提高的。软件在开发期会因为当时的技术水平使得某些功能或性能无法达到应用要求，这也会导致软件缺陷的产生。

3. 管理问题

在管理方面，如果软件开发流程不完善，存在太多的随机性，缺乏严谨的评审机制，则容易产生软件缺陷。目前，软件行业对项目管理和软件过程的研究实践已经有很多成果，比如全流程质量管理、CMMI 模型等软件工程方法和模型。

4. 人员问题

软件团队的成员能力水平不足也会引起软件缺陷的产生。比如编码人员能力不足，会产生很多算法错误和变量错误，从而导致软件不能正常工作或者性能低下。

6.2　软件缺陷的生命周期

软件缺陷从被发现开始，经过了 5 个阶段，多种状态最终会被关闭。对软件缺陷进行状态跟踪管理是缺陷管理的重要内容。软件缺陷的生命周期指的是一个软件缺陷被发现、报告到这个缺陷被修复、验证直至最后关闭的完整过程。

概括来说，缺陷经过报告、验证、解决、测试、关闭 5 个阶段（见图 6-2）。

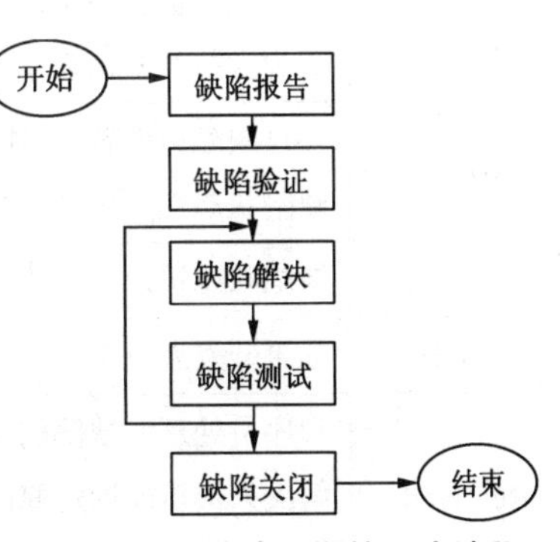

图 6-2　缺陷生命周期的 5 个阶段

① 缺陷报告：发现缺陷并报告缺陷，一般是将缺陷输入缺陷管理系统。

② 缺陷验证：项目团队确认缺陷存在，并能复现缺陷。

③ 缺陷解决：修正缺陷。

④ 缺陷测试：确认缺陷是否已经被修正。如果缺陷没有被修复，则循环进行缺陷解决和缺陷测试。

⑤ 关闭缺陷：缺陷得到解决，关闭使其不再活跃。

缺陷在经过 5 个阶段时其状态会不断发生变化，缺陷的状态变化见图 6-3，该图详细描述了缺陷的状态变化过程以及引起缺陷状态发生变化的事件。

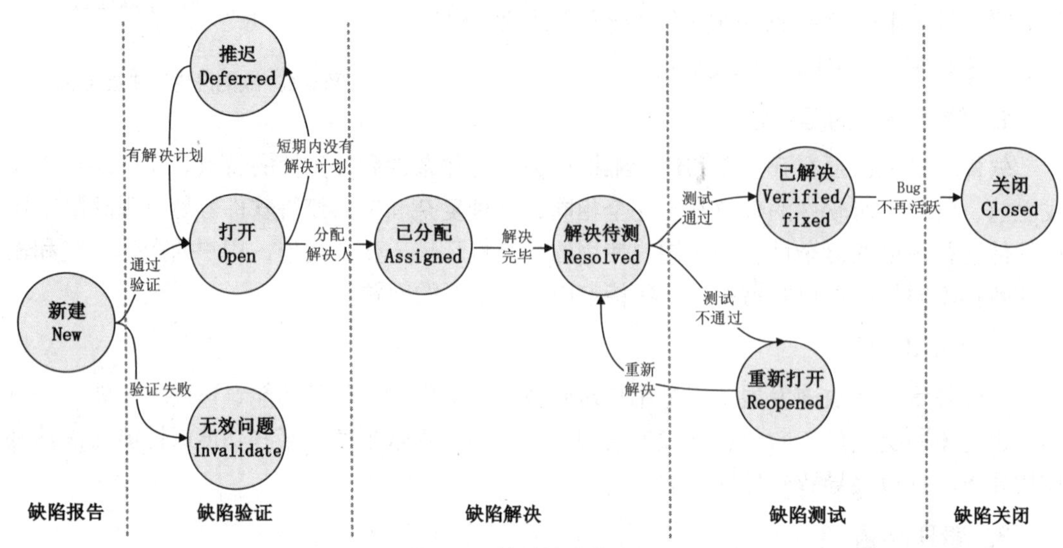

图 6-3　软件缺陷状态图

具体状态描述见表 6-1。需要注意的是，各个企业的软件缺陷状态图不尽相同。这里给出的状态图是软件缺陷变化的一般情况，有些团队的缺陷状态图会简单一些，有些会复杂一些。

表 6-1　软件缺陷状态描述

缺陷状态	描　述
New	当缺陷被第一次提交的时候，它的状态即为“新建”。这也就是说，缺陷未被确认是否真正是一个缺陷
Open	在测试者提交一个缺陷后，缺陷验证人员确认其确实为一个缺陷的时候便会把缺陷状态设置为“打开”，表示该缺陷还未解决
Assigned	一旦缺陷被设置为“打开”，项目负责人会把缺陷交给相应的开发人员或者开发组。这时，缺陷状态变更为“已分配”
Deferred	缺陷状态被设置为“延迟的”，意味着缺陷将会在下一个版本或后续的其他版本中被修复
Invalidate	如果开发人员不认为其是一个缺陷，则会将缺陷状态设置为“无效”或者“拒绝”（Rejected）
Resolved	程序员处理完缺陷的时候，将该缺陷的状态改为 Resolved，等待测试人员进行回归测试。解决人员可能通过修改代码来解决问题，也有可能这个问题与其他问题相同，此时会一次解决多个相同的问题。开发人员需要在备注中说明清楚解决的方式

续表

缺陷状态	描　述
Verified	测试人员对 Resolved 的缺陷进行回归测试，如果缺陷不再出现，这就证明缺陷被修复了，同时其状态被设置为“已解决”
Reopened	测试人员在进行回归测试时发现问题没有得到解决，则将缺陷的状态修改为 Reopened
Closed	确认该缺陷通过回归测试后，关闭缺陷，将其状态变更为 Closed

有以下两个实际工作中的问题需要特别说明。

① 缺陷的验证问题。在缺陷状态图中，新建缺陷后有一个验证的过程，这是因为在实际测试工作中往往有多个人甚至多个角色往缺陷库中输入缺陷。比如，某企业除了测试工程师输入缺陷之外，还允许开发人员、技术支持人员、软件产品代理商往缺陷库中提交缺陷，这些人员往往经验不如测试工程师经验丰富，可能因为理解问题的角度不同或者对软件不熟悉而输入一些无效问题，此时就需要对新建的缺陷进行验证。也有一些团队由于输入缺陷的都是经验丰富的测试人员，因此不开展缺陷的验证工作。

② 输入重复缺陷的问题。一般情况下，往往有多个人往缺陷库中输入缺陷。如果缺陷库中输入了大量的重复问题，则不利于缺陷的管理和解决。为了避免缺陷输入重复，往往要求缺陷输入者在输入之前先进行关键字搜索，查看相应的问题是否已经输入过，如果已经输入过则不必再输入。有些缺陷管理系统强制要求必须开展搜索以排除重复的步骤，如果没有进行搜索排重，则不允许输入缺陷。虽然如此，缺陷库中存在重复问题仍然不可避免，更有些问题在表现上不同，在本质上却是同一个问题。开发人员在解决问题的时候，如果发现要解决的问题与另一个问题相同，则要在缺陷备注中说明清楚，因此，解决人员在修复缺陷时可能通过修改代码来解决问题，也有可能这个问题与其他问题相同，一次解决了多个相同的问题。

6.3 软件缺陷的报告

缺陷的第一个环节是发现缺陷并报告缺陷，缺陷报告的质量对后续缺陷的管理有很大影响，所以要确保缺陷报告的质量。

6.3.1 软件缺陷的属性

为了方便引用、理解、解决、测试、回归、跟踪、分析软件缺陷，为软件缺陷定义了很多属性，比如编号 ID、解决人、测试人、状态、所属功能模块、严重程度等。这些属性并不是在缺陷输入的时候全部指定的，而是随着软件缺陷的流转根据需要不断完善的。

1. 完整的缺陷报告应该包含的内容

一般情况下，一个完整的缺陷报告应该清楚地描述缺陷的症状和其他基本信息（见表 6-2）。不同的团队根据缺陷管理的需要使用的缺陷属性不同，比如还可以加入关于缺陷的复现性、代码的审核、产品化等方面的要求。

表 6-2　完整的缺陷报告应该包含的内容

序号	属性项	是否必须	说　明
1	标题	是	缺陷的标题，应该尽量精练
2	关键字	是	识别这个缺陷的几个关键字，用于搜索、消重等
3	功能模块	是	缺陷的功能性分类，要结合具体的产品特性来定义，一般按照功能模块划分，比如安装卸载问题、帮助文档问题、打印问题、功能模块 1 问题等
4	缺陷状态	是	用于缺陷的跟踪，描述缺陷的状态，比如新建、解决待测、测试通过、测试失败、已解决等
5	问题复现步骤	是	复现问题的具体步骤
6	期望结果	是	操作的正确结果（期望结果）
7	实际结果	是	操作的实际结果
8	附件	否	附加的文件、图片和录制的可播放文件
9	版本号	是	发现缺陷时的产品版本号（大部分产品都是不断升级维护的，而且是不同的版本使用同一个缺陷库）
10	优先级	是	问题解决的优先级，处理和修正软件缺陷的先后顺序的指标，一般分为 4 个级别
11	严重性	是	问题的严重性
12	分类	否	缺陷的特征分类，可以根据团队需要特别关注的类别划分，比如效率问题、死机问题、易用性问题、兼容性问题等
13	客户信息	否	列出反馈该问题的一个或多个客户的相关信息，方便对客户进行支持
14	报告人	是	报告缺陷的人员，一般，缺陷系统自动根据账号生成
15	解决人	否	一般是缺陷报告提交后由项目经理指定一个解决问题的开发人员
16	报告时间	是	报告提交的时间，一般系统自动生成

在表中列出的属性项中，优先级和严重性是两个重要的字段，对后续缺陷的解决以及缺陷分析都有重要的意义，在报告缺陷的时候要给出正确的选项。

2. 软件缺陷优先级划分

优先级是处理和修正软件缺陷的先后顺序的指标，即哪些缺陷需要优先修正，哪些缺陷可以稍后修正。其划分具有通用性，通常情况下划分为高、较高、中、低 4 个级别，当然这不是绝对的，具体可以见表 6-3。

理论上来说，确定软件缺陷优先级时，更多的是站在软件开发工程师的角度考虑问题，因为缺陷的修复是个复杂的过程，有些不是纯粹的技术问题，而且开发人员更熟悉软件代码，能够比测试工程师更清楚修复缺陷的难度和风险。但是实际上，企业在确定缺陷优先级时并不只站在开发工程师的角度，而是从解决的难度、缺陷对产品销售的影响、客户的重要性等方面综合考虑确定的。

表 6-3　软件缺陷优先级的 4 级划分

级　别	描　述
1—最高优先级	主要指软件的核心功能错误，或者造成软件崩溃、数据丢失的缺陷
2—较高优先级	影响软件功能和性能的一般缺陷
3—中等优先级	对客户影响不大的缺陷
4—低优先级	对软件的质量影响非常轻微或出现概率很低的缺陷

3．软件缺陷严重性划分

严重性（Severity）是软件缺陷对软件质量的破坏程度，即此软件缺陷的存在将对软件的功能和性能产生怎样的影响。在软件测试中，软件缺陷的严重性的判断应该从软件最终用户的角度进行，即判断缺陷的严重性要为用户考虑，考虑缺陷对用户造成的后果的严重性。

严重性的划分也具有通用性，见表 6-4。

表 6-4　软件缺陷严重性的划分

级　别	描　述
1—Trivial（轻微）	软件产品的小缺陷，比如词语拼写错误、控件没有对齐、控件相互遮挡等，不影响用户完成工作
2—Medium（中等）	重要但是不会导致不能完成功能，用户可以绕过，影响效率
3—Major（重要）	核心功能缺失或不能正常工作，导致客户无法完成工作
4—Critical（严重）	导致死机、无反应、数据丢失、严重的内存泄漏等问题

4．软件优先级和严重性的关系及区别

严重性和优先级是软件测试缺陷的两个重要属性，它影响软件缺陷的统计结果和修正缺陷的优先顺序，特别在软件测试的后期，将影响软件是否能够按期发布。对于没有经验的测试工程师来说，应该学习并理解它们的作用，还要学习判断和处理方式。如果在实际测试工作中不能正确表示缺陷的严重性和优先级，这将影响软件缺陷报告的质量，不利于尽早处理严重的软件缺陷，可能影响软件缺陷的处理时机。一般在测试工程师的入职培训中会培训这部分内容。

缺陷的严重性和优先级是含义不同但相互联系密切的两个概念。它们都从不同的侧面描述了软件缺陷对软件质量和最终用户的影响程度及其处理方式。

一般来说，严重性高的软件缺陷具有较高的优先级。严重性高说明缺陷对软件造成的质量危害性大，需要优先处理，而严重性低的缺陷可能只是软件不太尽善尽美，可以稍后处理。

但是，严重性和优先级并不总是一一对应的。有时候，严重性高的软件缺陷，优先级不一定高，甚至不需要处理，而一些严重性低的缺陷却需要及时处理，具有较高的优先级。软件缺陷的处理不是纯技术问题，有时需要综合考虑市场情况和质量风险等因素。

- 如果某个严重的软件缺陷只在非常极端的条件下产生或者出现概率极低，则没有必要马上解决。
- 如果修正一个软件缺陷需要重新修改软件的整体架构，可能会产生更多潜在的缺陷，而且软件由于市场的压力必须尽快发布，此时即使缺陷的严重性很高，也不一定立刻解决。
- 有时软件缺陷的严重性低，但是由于是大客户问题，此时必须尽快解决。又或者虽然是界面单词拼写错误，但是属于软件名称或公司名称的拼写错误，则必须尽快修正，因为这关系到软件和公司的市场形象。

6.3.2 缺陷编写典型模板

团队在开展测试工作时会根据团队管理和产品的实际需要定义缺陷的字段，少则六七个，多则可达 20 个。

图 6-4 所示是 ALM 中新建缺陷时需要填写的缺陷基本信息模板，该模板包括了比较多的缺陷字段。

图 6-4　ALM 缺陷基本信息模板

表 6-5 所示是某企业用 Excel 表格设计的缺陷记录模板，该模板包括了缺陷的一些基本字段。

表 6-5　Excel 缺陷编写记录模板

XX 系统-缺陷报告						
编号	模块名称	摘要	描述	严重程度	提交人	附件说明
1	登录模块	在登录页面输入带小数点的用户名，登录不应该出现 400 错误	浏览器：IE 8.2.0.29 步骤复现： ① 打开登录页面 ② 输入一个带小数点的用户名进行登录 ③ 其他输入框正确输入 预期结果： 弹出错误提示信息 实际结果： 出现 400 错误	严重	林**	HTTP Status 400 - Status report Apache Tomcat/7.0.61
……	……	……	……	……	……	……

6.3.3　如何撰写一个好的缺陷报告

软件缺陷报告（记录）质量对软件缺陷的管理至关重要，在缺陷的处理过程中会有比较多的人浏览缺陷（比如项目经理、解决人员、测试人员等），如果缺陷描述不清楚，沟通的成本就会提升，缺陷报告者也会陷入不断解释这个缺陷的烦恼中。

缺陷报告要遵循以下 5C 原则。

① Correct（准确）：每个组成部分的描述都要准确，不会引起误解。

② Clear（清晰）：每个组成部分的描述都要清晰，易于理解。

③ Concise（简洁）：只包含必不可少的信息，不包括任何多余的内容。

④ Complete（完整）：包含复现该缺陷的完整步骤和其他本质信息。

⑤ Consistent（一致）：按照一致的格式书写全部缺陷报告。

根据实际实践经验，要提高缺陷输入的质量可以从下面几方面着手。

1. 明确缺陷的阅读者

缺陷的编写者要始终记住缺陷的读者对象，一般来说，缺陷的阅读者有以下几类。

① 解决缺陷的人：解决缺陷的人需要了解缺陷的复现详细步骤以及操作的结果，缺陷编写者需要明确写明自己做了什么，看到了什么。

② 决定缺陷要不要解决的人：此类人员一般只浏览缺陷的标题，预估缺陷的风险，并决定要不要即时解决。

③ 回归和测试缺陷的人：此类人员与解决缺陷的人有相同需求，需要知道缺陷的详细情况。

④ 缺陷分析者：在对测试缺陷进行分析时，分析者会采集缺陷的基本信息，比如严重

程度、优先级等。

2. 为缺陷选一个好的标题

除了缺陷的解决人需要了解缺陷的详细情况之外，其余角色只需要浏览缺陷的标题即可。缺陷的标题有以下作用。

- 搜索缺陷时会用到缺陷的标题。
- 考察缺陷的风险程度也要根据缺陷的标题。

因此，缺陷的标题应该方便搜索，同时能表达出重点，要简练、精确。

3. 写清楚缺陷复现的步骤和结果说明

一般情况下，缺陷的主体包括 5 个方面：特殊环境说明（不必需）、复现步骤、实际结果、期望结果、对缺陷的其他描述。

（1）特殊环境说明

这部分不是必需的。有些缺陷需要在特定的操作系统下复现，需要将特殊复现环境描述清楚。

（2）复现步骤

描写缺陷复现步骤要注意下面几方面。

- 首先，要保证每个步骤都是必要的，不要添加多余的对缺陷复现没有用的步骤。
- 其次，描述清楚步骤中需要特别注意的地方，特别是会影响缺陷复现的注意点。
- 最后，描述时不要使用拗口难懂的长句（特别是那些还要先进行语法分析才能弄明白主谓语的句子），不要添加不必要的形容词和副词（过多的修饰语会淹没真正的意思），尽量使用简单明了的短句子。

这部分描述可以借助图片和录制软件进行辅助说明。

（3）实际结果

软件产品的实际表现，可以用文字或者图片说明。

（4）期望结果

期望的正确结果，可以用文字或者图片说明。

有时候，实际结果和期望结果没有必要区分开，比如软件死机或者没有响应等问题，只需要说明实际结果就可以了。

（5）对缺陷的其他描述

对缺陷的其他描述主要是对缺陷的进一步定位和分析，为开发提供更多信息。

4. 进一步对缺陷进行定位

进一步对缺陷进行定位，描述缺陷的原因和影响，而不只是缺陷的症状。

另外这需要对缺陷进行进一步分析，因为测试人员对代码的了解有限，具体分析深度是由缺陷本身的内容和测试人员的能力来决定的，弹性比较大。

缺陷的症状只是表面的原因，每个缺陷都有其深层原因，测试人员应该尽量定位并分析缺陷，给开发人员足够的信息，同时节省开发人员在解决缺陷前观察缺陷表现的时间。比如，测试人员发现软件中的文字乱码，则可以查看一下该文字使用的字体是什么，系统中是否存在相应的字体文件。

5. 注意对缺陷进行区分

输入缺陷的时候要注意对缺陷进行区分，准确地给出优先级、严重程度等信息，不同类别的缺陷在处理上有很大的区别。

6. 使用术语要规范

因为缺陷不是写给自己看的，所以缺陷报告中用到的术语要规范、通用。尽量不用测试人员流行的术语，避免开发人员看不懂，更不能出现除了自己别人都不明白的词语。规范的术语和说法可以参考软件的帮助文档和相应产品术语规范文档。

7. 要善于利用图片、视频对问题进行辅助描述

除了利用文字这个最基本的工具之外，要善于利用图片（见图 6-5）和视频来辅助对问题的描述。图片可以利用屏幕截图工具获取，视频则可以利用专门的屏幕录制软件获取。由于录制软件播放比较慢，因此如果不是特别不易说明的问题，不建议使用过多。利用图片的时候，为了方便对比，也可以将正确结果和错误结果放在同一幅图中。

资产类别 ▾　资产编码/名称　查询　批量添加

全选	资产编码	资产名称	资产类别	品牌	
1	dfd343	cd2	米女	飞利浦	电脑
2	asd2	ewq	米女	联想	总经
3	q12	asd	中文	飞利浦	电脑
4	dfdf	中文we	米女	飞利浦	电脑

图 6-5　缺陷的截图

8. 附件文档应该尽量精简，并且命名准确

附件一般是以 Bug 号命名，如果有多个图纸附件，则依次为 Bug#_1.docx、Bug#_2.xlsx 等。附件如果是图片，则可以命名为有意义的名字，比如 Bug#_ERROR.bmp、Bug#_RIGHT.bmp。

9. 描述清楚缺陷发现时的版本等基本信息

由于版本不断地更新，代码的修改也是互相关联的，有时一个缺陷可能因为别的代码的修改而被修复。如果版本信息不明确，那么缺陷解决者在解决时就要花费比较多的时间去确认缺陷所在的版本。所以一定要描述清楚缺陷复现的版本，让问题解决者能有针对性地解决问题，在需要的情况下还要说明操作系统等运行环境信息。

下面是对软件缺陷报告的案例分析。

1. 企业案例分析一：缺陷描述

描述 1：打开文件，文字显示乱码。

描述 2：打开文件，文字字体样式正确，字体库中存在字体文件，并且文字的内容正确，但是显示为乱码。

描述 3：打开文件，简单的几个文字居然显示错误。

分析：

描述 1 完全不能定位是什么原因，是字体不存在，是字体样式有问题，还是读取文件时字符串内容出错了，会让人产生一系列疑问。

描述 2 则不会，描述非常清楚，读取文件的时候没有任何问题，是在显示文字的时候出现了问题，如果描述能再精练一些则更好。

描述 3 不但描写不清楚，而且附带了过多的个人情绪。

2．企业案例分析二：缺陷标题提炼

缺陷事实描述：

因为网络故障，客户端与授权服务器断开后保存文件，从“文件”菜单退出软件，软件死机。如果不保存文件或者不从文件菜单退出，则不会死机。

标题提炼：

① 客户端掉授权后，退出软件时死机。

② 客户端掉授权后，保存图纸，再通过“文件”菜单退出软件，软件死机。

③ 软件死机。

④ 客户端掉授权后的问题。

⑤ 客户端掉授权后，软件死机。

⑥ 客户端掉授权后，软件应该能关闭。

⑦ 客户端掉授权后，软件起码不应该死机。

⑧ 客户端掉授权后，软件死机，可能是因为掉授权后的保存模块有问题。

分析：

以上 8 个标题的描述要么太简单，要么没有写出问题的本质部分，其中②是相对比较好的描述。

6.3.4 软件缺陷管理指南

为了更好地管理软件缺陷，在测试过程中一般会定义详细的软件缺陷管理指南。该指南是缺陷管理的指导性文档，供测试工程师学习参考。

一般情况下，在缺陷管理指南中要定义以下内容：

- 缺陷的字段属性定义；
- 缺陷报告的模板；
- 缺陷的优先级和严重性定义；
- 缺陷的状态以及状态跳转定义；
- 其他缺陷管理规定。

6.4 软件缺陷的统计分析

软件缺陷作为软件质量的重要指示变量，对其进行统计分析可明确项目质量情况，帮助管理者进一步做决策的意义重大。比如，产品发布后根据缺陷的反馈结果评估产品在市场上的情况。这里给出几种常见的缺陷分析指标和分析图。

1．缺陷的数量变化趋势分析

缺陷的整体趋势应该是随着时间的推移先增后降的，单位时间（每天或每周）内新发现缺陷的数量也应该是越来越少的，后期趋近于零。

如果统计发现违反了规律，则可能是某环节出了问题，或是新修改的代码引入了更多缺陷，也可能是前期的测试有遗漏，从而导致缺陷增多。图 6-6 所示是某产品每周新增缺陷统计图。

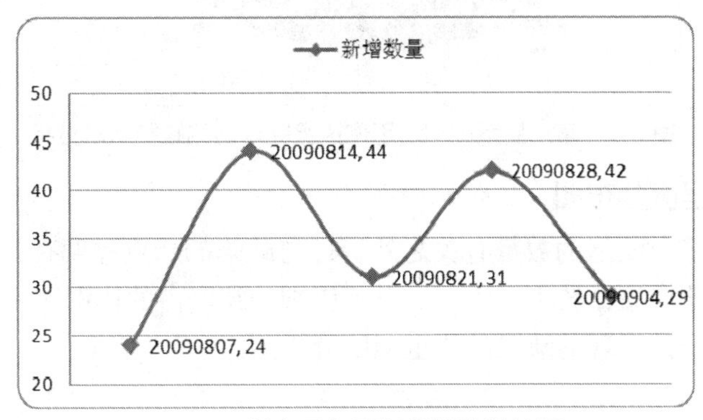

图 6-6　某产品每周新增缺陷统计图

2．缺陷的功能模块分布分析

缺陷的功能模块分布图，是根据产品的功能模块统计缺陷的数量或所占比例（见图 6-7）。注意，图 6-7 中，根据需要已经将模块具体名称改为模块编号。根据缺陷分布的二八原则，发现缺陷越多的模块，其隐藏的缺陷也更多，可以对缺陷较多的模块投入更多测试资源。

对于缺陷较多的模块，要从其需求、设计、编码等方面分析并查找原因，采取相应的措施。

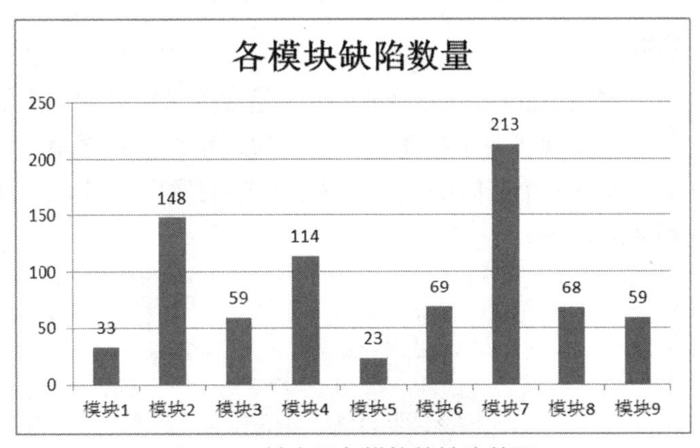

图 6-7　某产品各模块的缺陷数量

3．缺陷状态分析

在测试报告中，要给出目前缺陷的整体状况，对缺陷的状态进行分析，特别要对尚未解决的严重影响产品质量的缺陷进行说明。具体案例可见图 6-8。

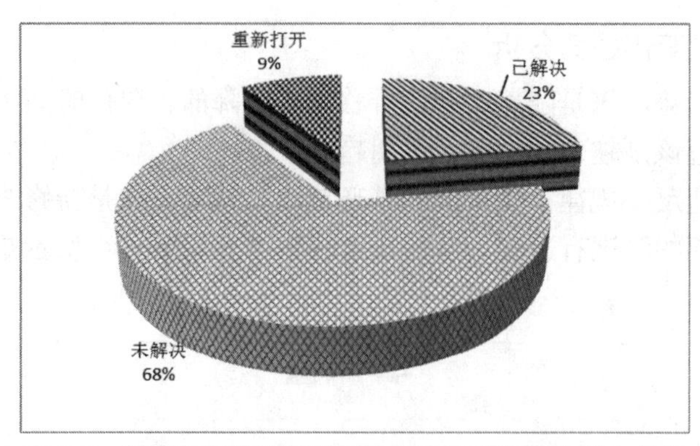

图 6-8 某产品系统测试用例执行完毕时的缺陷状态分析

4. 缺陷严重程度分布图

产品的质量除了与缺陷的数量有关之外，还与缺陷的严重程度有关。一般情况下，高以及以上级别的缺陷应该比较少，中以及以下级别的缺陷占的比例比较大。图 6-9 所示是某产品第一轮系统测试发现的缺陷的严重程度分析图。

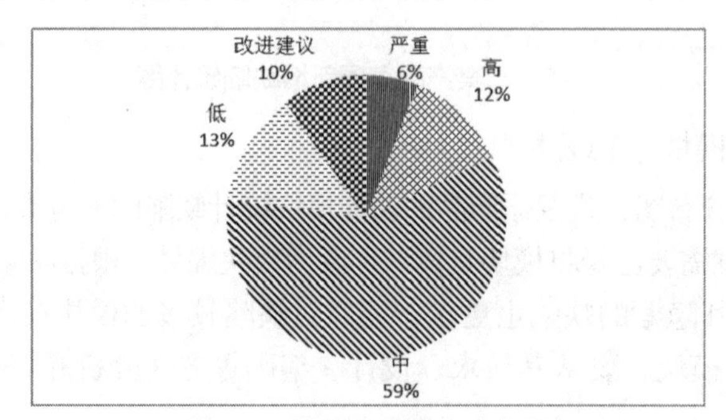

图 6-9 缺陷严重程度分布图

5. 缺陷根源分析

缺陷的根源分析（RCA-Root Cause Analysis）是在测试结束后分析缺陷是在软件研发的哪个环节引入的，据此发现研发中的薄弱环节，通过培训、加强制度建设等方法改善该环节的工作质量，从而提升整个团队的能力，减少缺陷的发生。图 6-10 所示是某产品系统测试结束后缺陷的根源分析图。

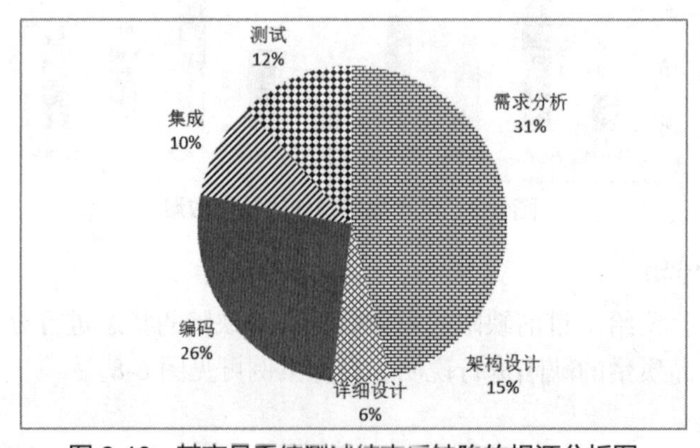

图 6-10 某产品系统测试结束后缺陷的根源分析图

根据图 6-10 可知，需求分析阶段和编码阶段产生的缺陷最多。通过分析发现，一方面是因为该产品应用领域比较特殊，开发方没有深入理解客户需求，导致需求不明确或与客户不一致；另一方面，由于研发团队规模扩大，新补充了一批应届毕业生，这些毕业生编码经验不足，在编程阶段引入了代码方面的缺陷。据此，该团队制定了严格的用户需求开发和管理流程，对新补充人员进行编码方面的培训。

6.5 软件缺陷管理工具

缺陷管理是软件测试管理的基本功能，一般的软件测试管理系统都含有缺陷管理模块，比如 ALM、禅道等。市场上也有专门的免费开源的缺陷管理系统，比如 BUGzilla、BUGfree、BUGzero 等。缺陷管理系统一般都具有简单的分析统计功能，能直接生成相应的统计报告。小的团队也经常使用 Office Excel 来管理缺陷，但是 Excel 不利于多人协同工作。

工具是理论的载体，理解了理论才能灵活运用工具。一般的缺陷管理系统有如下功能。

- 缺陷跟踪。
- 添加缺陷。
- 修改缺陷。
- 关联缺陷和测试用例。
- 统计分析功能。

多人共同测试一个系统，就存在不同人要报告同一个缺陷的情况。现有的缺陷管理系统主要通过自有功能或安装第三方插件，在用户创建 bug 报告时，基于关键字检索来扫描是否存在重复报告，并提示用户过滤筛选。

随着大数据与人工智能等新兴技术的出现，目前很多专家已经提出了检测重复或相似报告的方法，如基于纯粹自然语言技术处理、信息检索技术处理、机器学习技术处理等。面对众包测试产生的大量相同或相似缺陷，也有研究人员提出了自动聚合的思路，用算法融合多份相似的缺陷报告，从而得到一个更加完整的缺陷报告。

第7章 测试执行和报告

测试执行和测试报告是测试过程的重要环节，本章主要讲述测试执行的要点以及监控方法、测试报告的主要内容以及典型模板。

本章学习目标

- 了解测试执行的主要任务。
- 了解测试执行中的监控要点。
- 掌握测试报告的主要内容。
- 能够根据理论开展测试执行并完成测试总结报告。

7.1 测试执行

测试执行是执行所有或部分选定的测试用例，并对结果进行分析的过程。测试执行活动是整个测试过程的核心环节，所有测试分析、测试设计、测试计划的结果都将在测试执行中得到最终的检验。

7.2 测试执行的任务

7.2.1 测试执行的主要任务

测试执行阶段的主要任务如下。

① 测试启动评估：根据测试方案和待测试对象评估此次测试是否达到启动的条件。不同的测试目的，其测试启动评估的条件不尽相同，要根据实际情况进行设置。启动条件一般会在测试计划中定义。

② 指定测试用例：根据测试的阶段、任务选择执行全部或部分测试用例。

③ 测试用例分配：将测试用例分配给测试工程师。

④ 执行测试：执行测试用例，记录原始数据，及时报告发现的缺陷。

⑤ 状态监控：根据测试执行情况以及缺陷情况，监控测试执行的进度以及遇到的问题，并及时解决测试中阻碍执行进度的相关问题。

⑥ 及时汇报：及时向管理层汇报测试的进度、发现的主要问题等。

测试执行的主要环节见图 7-1，测试方案和待测试产品是测试执行的主要输入。图的核心部分是一个闭环，要根据对测试状态的监控及时调整测试策略，更新测试方案。

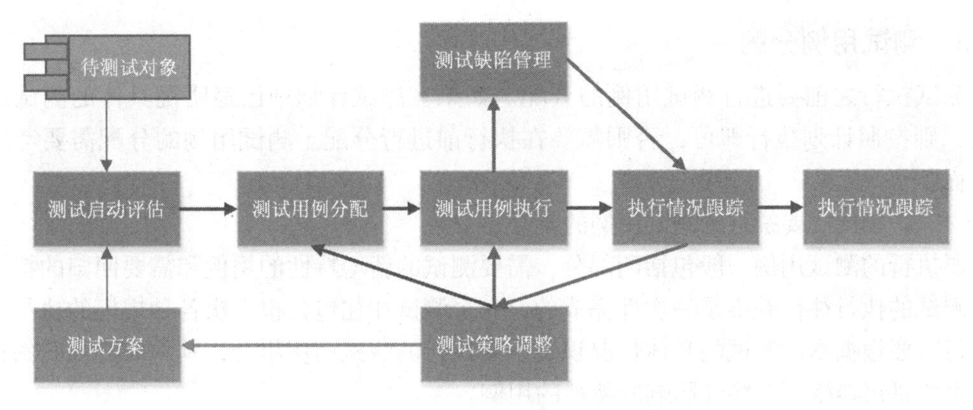

图 7-1 测试执行的主要环节

7.2.2 测试启动评估

为了确保测试顺利开展，对于工作量比较大的项目，在测试正式启动之前要对能否启动测试进行评估，这是因为：

在产品级测试过程中，测试组为了准备一个版本的测试，将投入很大的成本，包括测试环境、测试人力资源等，这种投入将随着产品特性的增加、测试环境的复杂化而不断膨胀；测试启动评估的目的不在于评估开发人员的工作绩效，而是在于控制版本在转测试时的质量，尽量减少前期不成熟的版本对测试资源的浪费；通过牺牲短期的内部控制成本（转测试评估和预测试），可以较好地避免后期进行大量测试投入的风险。

具体评估内容在测试方案中确定。具体评估内容一般包括以下几项。

① 评估被测对象的完成程度以及质量能否达到测试启动的标准（表 7-1 所示是某企业的某产品系统测试启动标准）。

表 7-1 某企业的某产品系统测试启动标准

测试版本必须同时满足以下条件才可以进入系统测试。 ● 计划体现在发布版本上的功能模块已经全部集成，并且所有项目集成在一起后的各功能点已实现，即需求已经 100%完成。 ● 交付测试的版本已经完成所有基本的自动化测试，并且自动化测试脚本全部通过。

② 根据给定的版本测试时间及测试用例分配结果，结合测试执行能力，评估本轮测试需达到的覆盖度。

③ 根据覆盖度确定本轮应发现缺陷的阶段目标。

④ 评估各特性用例分配情况是否合理，是否存在极不均衡的现象，是否存在过度测试，是否存在部分特性无法完成测试。

⑤ 评估测试执行计划中时间安排的合理性。

实际在开展测试评估时往往没有那么顺利，可能会遇到各种各样的问题。比如评估时的预测试投入不能太大；测试人员可能在预测试中急于投入深层次测试，指望这些问题能够把版本打回开发组；有时即使测试启动评估结果很差，迫于各方面压力仍然转入测试，结果在测试过程中被各类问题困扰，没能按照既定的测试策略做好测试覆盖。

7.2.3 测试用例分配

测试执行之前要进行测试用例的分配。如果在测试计划中已经明确具体的测试用例分工，则按照计划执行即可，否则需要在执行前进行分配。测试用例的分配需要考虑以下方面。

（1）识别此次要执行的测试用例的集合

要执行的测试用例一般包括两部分，需要测试的新增特性的用例和需要回归的特性用例。测试的执行往往并不是一次性完成的，一个测试往往包含很多次各种规模的执行。每次执行需要根据本次测试的具体情况识别出要执行的测试用例集合，其中需要回归的特性用例主要是可能受到新特性影响的特性的用例。

（2）考虑特性之间的交互关系

各个特性之间可能存在组合、依赖关系。由于这些关系的存在，不同特性的用例在执行时可能合并、合作。

（3）考虑测试用例的优先级

考虑测试用例的优先级，优先安排执行优先级高的测试用例；考虑时间进度，平衡测试进度和测试执行质量。

7.2.4 测试用例的执行

测试用例的执行要关注测试执行的质量。

测试执行的主要目标是尽可能地发现产品的缺陷，而不是达到测试计划完成率。如果过于关注测试计划完成率，而不重视测试执行的质量，则会导致虽然已经完成测试，但是仍然不能确保产品质量。此时需要进行补救，增加重复测试，这样不但加大了测试冗余度，还会造成整体测试进度的延迟，更严重的是会遗留很多本来应该发现的缺陷。

因此，测试用例执行过程中除了关注测试进度外，还要全方位观察测试用例执行结果，加强测试过程的记录，及时确认发现的问题，及时更新测试用例，处理好与开发的关系，促进缺陷的解决。

要提高测试执行质量，可以从下面几方面着手。

① 在测试过程中不仅关注测试用例的执行结果，还要注意在测试用例执行过程中出现的各类异常现象，如来自告警、日志、维护系统的异常信息。

② 尽早提交缺陷报告。发现缺陷之后要尽早提交缺陷报告，最好是发现之后立即提交，避免测试结束后集中提交缺陷报告，确保开发方掌握软件质量情况并能及时解决缺陷。特别是一些可能阻碍测试的缺陷，更要第一时间反馈给开发方。

③ 避免机械地执行用例。在测试执行中要多思考，如果发现测试用例不合理要及时补充或修改。

在测试执行过程中，测试用例是核心。为了方便统计和管理，测试用例在执行中也有不同的状态（见图 7-2）。

- 等待执行状态：测试用例等待执行。
- 阻塞状态：由于其他原因导致测试用例暂时不能执行。比如某个功能模块不能启动，则该功能模块所有用例被阻塞；管理员账号登录失败，则所有管理员权限用例被阻塞。

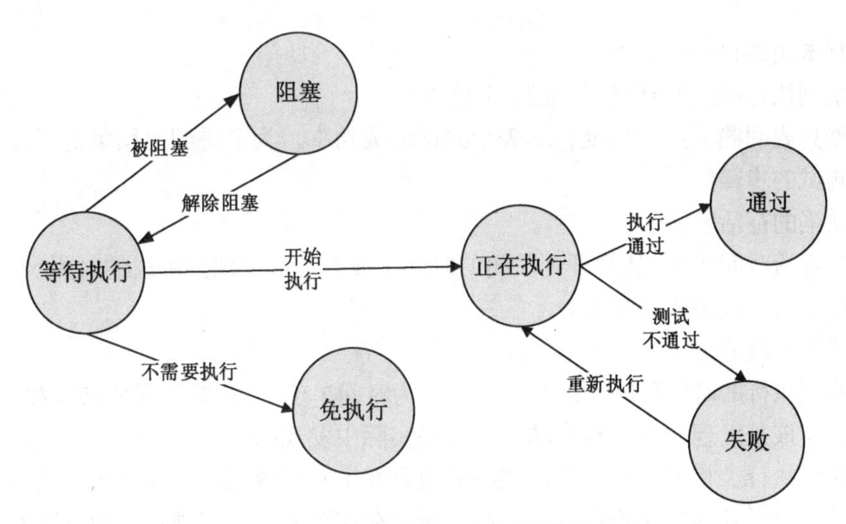

图 7-2 测试执行中测试用例的状态

- 正在执行状态：测试用例正在执行中。
- 通过状态：测试用例执行通过。
- 失败状态：测试用例执行失败，此时要提交相应的缺陷。
- 免执行状态：表示本次测试不执行该测试用例。

7.3 测试执行监控

测试执行过程中要对测试情况进行密切监控，监控的任务和目的主要如下：

- 记录和管理测试用例的执行状态；
- 根据当前的执行状态，判定测试用例的质量和执行效率；
- 根据已发现缺陷的分布，判定结束测试的条件是否成熟；
- 根据缺陷的数量、种类等信息评估被测软件的质量；
- 根据缺陷的分布、修复缺陷的时间、回归测试发现的缺陷数量等评估开发过程的质量；
- 根据计划完成情况、发现的缺陷情况等信息评估测试工程师的表现。

测试执行过程中要及时分析测试数据，全方位监控各项指标。主要监控内容有以下 5 个方面（见图 7-3）。

① 控制进度监控：监控测试执行的进度与预期的偏差，及时分析原因并进行计划调整。

② 用例质量监控：测试用例的有效性，能否发现关键问题等。

③ 测试覆盖度监控：测试是否全面。

④ 执行效率监控：测试执行的效率。

⑤ 研发质量监控：被测产品的质量如何。

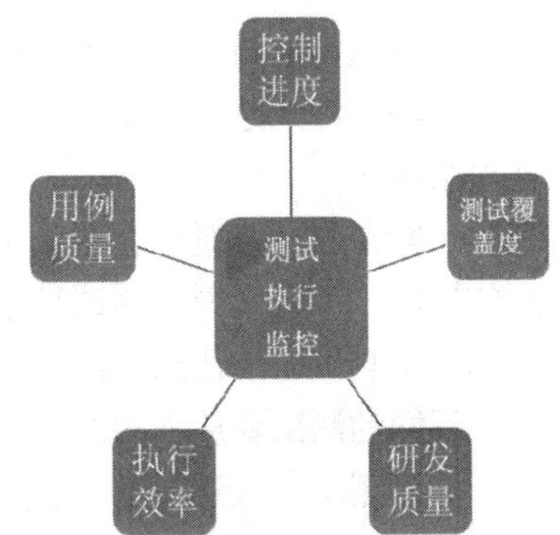

图 7-3 测试执行监控的主要内容

针对测试执行的 5 个方面，有多个具体的监控指标，测试团队要根据实际情况明确需要重点监控的数据。常见监控指标举例如下。

（1）测试用例执行的进度

测试用例执行的进度=已执行的数目/总数目

此数据只表明测试执行进度，不表示测试的成功率。为了得到更精确的进度数据，也可以计算测试的步骤数。

（2）缺陷的存活时间

缺陷的存活时间=缺陷从打开到关闭的时间（或者是从发现到解决的时间）

该数据表明修改缺陷的效率。

（3）缺陷的趋势分析

按照测试执行的时间顺序（以月、周、天为时间单位），查看发现的缺陷数量的分布。一般来说，应该是发现的缺陷越来越少。如果实际中发现的缺陷越来越少，趋近于 0，则考虑结束测试执行。相反，如果发现缺陷的数量发生非正常波动，则说明可能存在以下的问题：代码修改引发新的缺陷；前一版本的测试存在覆盖率的问题；新的测试发现了原来未发现的缺陷、必须先修改某些缺陷后才能继续测试，然后才发现其他的缺陷。

（4）缺陷分布密度

缺陷分布密度=某项需求的总缺陷数/该项需求的测试用例总数（或者功能点总数）

如果发现过多的缺陷集中在某项需求上，则要对需求进行分析和评估，然后根据分析结果进行测试调整。比如，该项功能需求是否过于复杂，该项的需求设计、实现是否有问题，分配给该项的开发资源是否不足。需要注意的是，在分析缺陷的分布密度时要考虑缺陷的优先级和严重程度。

（5）缺陷修改质量

缺陷修改质量=每次修改后发现的缺陷数量（包括重现的缺陷和由修改所引起的新缺陷）

该数据可以用来评价开发部门修复缺陷的质量，另一方面，更重要的是，如果发现修改某项功能后，此数值较高，那么测试部门应当及时通知开发部门查找原因，确保产品质量。

7.4 测试执行的结束

测试执行的结束有以下两种情况。

一种是测试达到预期目的后按计划结束；另一种是受到时间进度、资源的限制，测试被迫结束。

一般在测试方案中会明确定义测试结束的条件。测试结束条件的判定是质量和成本之间的折中。一般来说，测试结束的条件可能是以下中的某几个。

（1）测试已经达到了覆盖率的要求

不同的测试要从不同的方面来评估覆盖率。

单元测试：从语句覆盖、代码覆盖方面来评估，例如达到 100%语句覆盖。

集成测试，从 API、API/参数组合来评估。

系统测试：从功能、用例、用例场景（Scenario）来评估，例如达到 90%用例场景覆盖。

（2）指定的时间段内没有发现新的缺陷

比如，某企业规定测试结束的条件是测试用例执行完毕，连续三天的测试中没有发现严重程度为高或以上的缺陷。

（3）基于成本的考虑而结束测试

测试执行到一定阶段时，查找未发现的缺陷的成本逐渐增大，如果超过了潜在缺陷所引起的代价，则可以停止测试。此条件不适用于要求高可靠性的软件，如武器、医学设备、财务软件等。

（4）项目组达成一致后可以结束测试

基于技术、资金、开销等各种因素，项目组（包括管理层、开发、测试、市场销售）意见一致，认为可以停止测试。

（5）因时间进度、资源的限制必须结束

此条件一般是为了按计划尽快发布软件，抢占市场，这种结束条件存在很大的风险，比如可能存在潜在的严重缺陷，或者已知的缺陷可能还未修改。

7.5 项目实践任务六：执行测试并提交缺陷报告

实践任务：

① 根据测试计划和已经完成的测试用例开始测试的执行，提交测试用例执行结果文档，文档以“第×组-项目名称-测试用例执行结果”命名。

② 监控测试执行进度和产品质量。

③ 及时记录发现的缺陷，缺陷列表文档以“第×组-项目名称-缺陷列表”命名。

实践指导：

① 用工具管理测试执行的任务（ALM、Excel或其他工具）。

② 用工具管理测试缺陷（ALM、Excel或其他工具）。

7.6 测试报告

7.6.1 测试报告的目的及其种类

测试报告是把测试的过程和结果写成文档，并对发现的问题和缺陷进行分析，为纠正软件存在的质量问题提供依据，同时为软件验收和交付打下基础。

测试报告一般是指测试阶段最后的文档产出物。“优秀的测试人员”应该具备良好的文档编写能力。测试报告基于测试中的数据采集以及对最终的测试结果分析。一份详细的测试报告包含足够的信息，并能够为决策者提供决策的依据，包括产品质量和测试过程的评价。

在企业的实际运行过程中，往往并不是只有在测试阶段的后期才写测试报告，在测试执行期间也要撰写测试报告来说明测试执行情况以及产品质量情况。不过测试执行阶段的测试报告在内容和格式上比较简略，可以理解为测试执行监控结果的记录。

为了区分这两种报告，暂且将最终的测试报告称为总结型测试报告，将执行期间的测试报告称为日常型测试报告。

关于日常型测试报告的周期，软件产品的不同阶段，测试报告的周期也不尽相同。一般来说，测试执行阶段的汇报次数更频繁一些。比如，某企业规定在进入测试执行之前，每周或每两周进行汇报即可；进入测试执行后则要每周汇报一次；在产品发布前的 2 ~ 4 周的关键阶段则需要每天或每两天给出最新测试情况。

在汇报关系方面，在研发团队内部测试阶段，测试负责人根据自动化测试结果、工程师测试结果、输入的缺陷状况等信息进行分析汇总，写出测试报告；在 Alpha 测试和 Beta 测试阶段，测试负责人从技术支持人员、代理商、客户、研发团队等处获得测试信息，进行分析汇总，撰写测试报告。

7.6.2 日常型测试报告

日常型测试报告的提交周期不固定，与当前测试的总周期以及测试所处的阶段有关，有可能是每月、每周、每日。在规定周期时还要注意平衡，不能过度管理，一方面能让需要的人及时了解测试状况，另一方面又不能让测试人员花费过多时间撰写报告。建议将日常型测试报告的周期定义在测试计划中。

如果一个产品需要进行为期 3 个月的系统测试，则可以每两周进行一次测试情况报告；如果测试为期两个月，则可以每周进行一次测试情况报告；如果是在非常关键的测试阶段，比如集成测试、产品发布前测试等，则可以每日进行一次测试报告。

比如，某企业要求测试组在产品发布前的系统测试的关键阶段提交“每日质量报告”（模板见表 7-2），研发团队根据报告对次日的工作进行调整。“每日质量报告”主要说明当前影响质量的主要方面、有哪些关键的问题、目前测试进度情况、遇到的问题和需要获得的帮助。每个企业的内容大同小异。

表 7-2 某企业在系统测试关键阶段的“每日质量报告”模板

报告日期：YYYY-MM-DD

报告人：

1. 质量改进建议

[按照严重性、影响程度列出当前需解决的问题]

2. 重点关注：“高”及以上级别的缺陷

[列出迄今为止未解决的“高”及以上级别的缺陷，按照发现日期倒序排列，以便实时监控问题状态]

缺陷编号	标题	严重程度	解决人	发现日期

续表

3．各测试任务进展情况以及整体评价

[列出各个测试任务的进展情况，并给出迄今为止对测试对象的整体评价]

测试任务	测试负责人	进度描述	质量评价	改进建议
打印功能测试		30%，符合计划	功能方面没有大的问题，性能方面存在占用内存资源过多的问题	尽快解决内存资源占用过多的问题
……				

4．问题与解决

[列出目前遇到的影响进一步工作的问题，包括管理、技术、内外部沟通等方面，以及希望获得的帮助]

表7-3所示为每日测试报告的实际样例，在报告中要突出显示研发和测试要关注的重点内容。

表7-3 某产品系统测试每日测试报告样例

每日测试总结报告

报告日期：2009-9-13

报告人：赵**

1．质量改进建议

- 今天新编译的版本在稳定性和速度上均比昨天差，建议查看昨天提交的代码，尽快找到原因；
- 正确性测试方面，文字显示错误突出，希望尽快解决。

2．重点关注："高"及以上级别的缺陷

[列出迄今为止未解决的"高"及以上级别的缺陷，按照发现日期倒序排列，以便实时监控问题状态]

缺陷编号	标题	严重程度	解决人	发现日期
84				
93				
……				

3．各测试任务进展情况以及整体评价

[列出各个测试任务的进展情况，并给出迄今为止对测试对象的整体评价]

续表

测试任务	进度描述	质量评价	改进建议
稳定性测试	符合进度	● 今天稳定性比昨天差一些 ● 稳定性问题库中有 25 个问题未解决，今日新输入 20 个（6 个已解决，8 个已合并） ● 自动化测试产生的异常报告，消除重复后提交到了 svn 目录，不可复现的 9 个 异常报告的 svn：http://****	建议有限解决 Bug：84、93、123
速度测试	符合进度	● 与昨天的版本相比，速度比昨天差一些（综合文档打开速度降低了 70%），与 7.30 版本相比有很大差距 ● 11 号版本与 7.30 的速度对比数据发现很多操作都比 7.30 慢，具体可以参见 http://***.aspx	但是有个别命令测试出来的速度比 7.30 快，测试组查看一下是不是数据不够典型
内存效率测试	符合进度	与上一个版本持平，具体测试结果参看 http://***	
正确性测试	符合进度	新输入问题 63 个，具体参考 Bug 库相应视图，重点集中在文字的显示方面	优先解决 1、5、17、27、32、46、117、138、139
内存泄漏测试	符合进度	今日未开展新的测试	
系统变量测试	符合进度	今日未开展新的测试	已经测试 274 个（29 个有帮助文档），其中，28 个测试失败
Bug 回归测试	比原进度慢	共 7 210 条问题，已经回归 3 324 条（今天回归 707 个），占总数的 46%；Blocked 125 个，failed 164 个，此两种占已回归量的 8.6%	问题回归进度不理想，上午因为版本稳定性略受影响，但是发现个别人员一整天回归十几条问题，后续会严格要求

4．问题与解决

① 目前处于系统测试的关键阶段，希望主管经理在审批请假申请时慎重。

② 希望开发部能快速处理阻碍测试进一步开展的关键问题，同时注意代码质量，尽量避免引入新的问题，最近一个阶段的测试出现比较多的反复。

③ 建议工程部尽快将兼容性测试用的显卡采购到位。

7.6.3 总结型测试报告

总结型测试报告是一个完整的测试任务结束后的总结分析型报告。其主要内容可以分为两大部分：一部分是测试结果、结果分析以及对被测对象的评价（测试报告），另一部分是对测试过程、资源投入的分析，以及对测试活动的分析和改进建议（测试活动总结）。

有些测试流程规定将这两部分内容的报告写在同一个文档中，也有些流程定义测试报告为前一部分的内容，在整个项目结束后再总结后一部分内容，这里不做区分。

不同团队的测试报告不尽相同，图 7-4 列出了总结型测试报告的典型内容，每项内容的要点如下。

（1）测试任务名称及基本信息

其描述测试的背景、委托方、被委托方、日期、被测对象、测试目的等内容。

（2）测试概述

测试概述包括测试方法和工具介绍、测试环境与配置介绍、测试组织形式介绍等。

（3）测试充分性分析

根据测试计划规定的充分性原则对测试做出充分性评价，指出未被测试的特性或特性组合，并说明理由。

（4）测试结果

测试结果主要包括测试执行情况记录（如测试项、投入的人员、时间、进度等）、测试缺陷分析（如总数量、严重程度分布、密度分布等）、残留缺陷及严重程度。

（5）测试活动分析

这部分主要对测试流程、测试进度、安排合理性、资源投入、测试中遇到的问题以及解决方法进行回顾，总结经验。

（6）测试结论与建议

这部分是对上述部分的总结，是对上述过程、缺陷分析之后所下的结论。此部分为项目经理、部门经理以及高层经理比较关注的内容，应该清晰扼要地下定论。

测试结论主要从下面几个方面描述。

- 测试执行是否充分（可以增加对安全性、可靠性、可维护性和功能性描述）。
- 对测试风险的控制措施和成效。
- 测试目标是否完成。
- 测试是否通过。
- 是否可以进入下一阶段的项目。

测试建议方面的内容可以从如下方面考虑。

- 对系统存在的问题进行说明，描述测试所发现的软件缺陷和不足，以及可能给软件实施和运行带来的影响。
- 可能存在的潜在缺陷和后续要开展的工作建议。
- 对缺陷修改和产品设计的建议。
- 对过程改进方面的建议，如测试各个阶段的时间投入及比例是否合理等。

（7）附录

该报告的附加信息，如测试用例列表、缺陷列表、遗留缺陷列表、测试参考标准等。

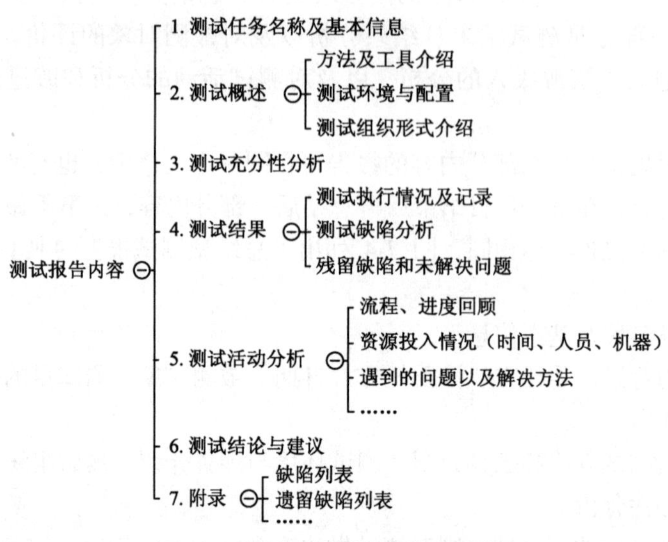

图 7-4　总结型测试报告的主要内容

7.6.4　总结型测试报告典型模板

关于总结型测试报告的编写模板，不同产品类型、不同团队使用的测试报告模板不尽相同，但是主要内容大同小异。具体模板可以参考附录 4，另外也可以参考 GB 8567—88 的测试分析报告模板。

7.7　项目实践任务七：完成测试报告

实践任务：

① 根据测试的实际情况完成测试报告，对项目测试活动进行总结（不足和好的实践应该都包括）。

② 测试报告文档以“第 × 组-项目名称-测试报告”命名。

实践指导：

① 如果用 Office 文档描述，则可以用 Word 文档。

② 可以参考软件测试报告相应的模板。

7.8　Alpha 测试与 Beta 测试的执行

7.8.1　Alpha 测试与 Beta 测试的目的

对于开发规模比较大的产品，一般在系统测试完成后，产品正式发布之前安排 Alpha 测试和 Beta 测试，目的是从实际终端用户的使用角度对软件的功能和性能进行测试，以发现可能的错误。

通过系统测试后的软件产品称为 Alpha 版本（α 版本），Alpha 测试是指软件开发公司组织内部人员模拟各类用户对 Alpha 版本的产品进行测试。Alpha 测试的关键在于尽可能地模拟用户实际运行环境，以及用户对软件产品的操作方法和方式。

Alpha 测试不能由开发人员或者测试人员来进行，一般由公司内部人员来测试，可以包括技术支持人员、销售人员。实际上也会有终端用户或软件代理商来参与 Alpha 测试。企业往往会将 Alpha 版本的产品推送给代理商，在条件允许的情况下也会邀请终端用户来研发中心开展 Alpha 测试。另外，可以根据实际测试的结果安排多次 Alpha 测试。

经过 Alpha 测试的软件产品称为 Beta 版本。Beta 测试是软件的用户在实际使用环境下进行的测试。开发者通常不在测试现场，Beta 测试不能由程序员或测试员完成。比如游戏的公开测试就属于 Beta 测试。一般 Beta 测试通过后就可以正式发布产品了。当然，根据实际情况也可能安排多次 Beta 测试。

Alpha 测试与 Beta 测试属于测试的一种，其特殊性在于测试的组织者和参与者不是专业的测试人员，但是这两个测试都是一个完整的测试，所以应该遵循测试的一般流程。

Alpha 测试和 Beta 测试的组织在各个企业中的情况不尽相同，可能是测试团队负责，也可能是市场部负责，也有个别企业规定 Alpha 测试由测试团队组织开展，Beta 测试由市场部组织开展。

7.8.2 Alpha/Beta 测试过程

Alpha 测试和 Beta 测试的开展不再依据软件用户需求，而是根据产品说明书，所以测试开展的首要条件是准备好产品说明书。产品说明书说明了产品包含的主要功能，如果是产品的升级版本，则要描述新版本与旧版本的不同。

Alpha 测试或 Beta 测试的开展流程类似（见图 7-5）。

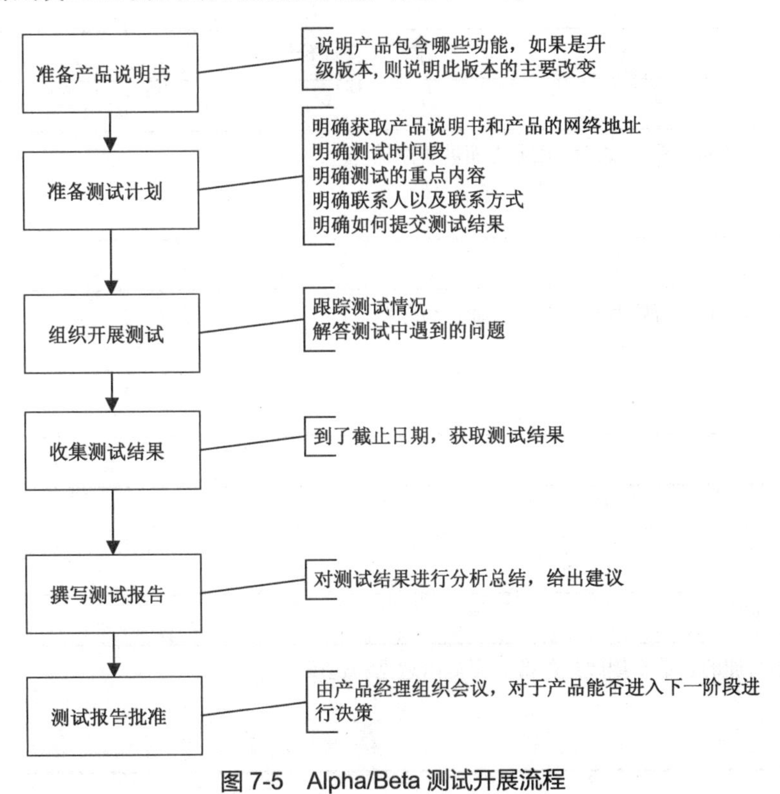

图 7-5 Alpha/Beta 测试开展流程

测试计划中需要详细说明获取的产品说明书和产品的网络地址、测试的开始和截止日期、测试的重点、测试结果的提交方式等。一般将 Alpha 测试计划公布在企业内网上，将 Beta 测试计划发布在产品的官方网站上。在测试人员方面，为确保测试质量，Alpha 测试时需要先与各个部门协商，并指定一组参加 Alpha 测试的人员，以便提早预留出 Alpha 测试的时间。Beta 测试则一般会邀请一些客户参加或者不指定客户。

在测试执行阶段，组织方要跟踪测试情况，解答测试遇到的问题，及时收集测试结果。

测试结束后，对测试结果进行分析，撰写测试总结报告。最后由产品经理组织会议来决策产品是否通过本次测试。

需要注意的是，为了激发用户参加 Beta 测试的积极性，一般需要市场部对 Beta 测试活动进行策划，比如抽取前几名客户进行抽奖或者发放一些礼品。另外，为了方便客户反馈，也可以专门开设一个论坛，客户与技术人员、客户与客户之间可以通过论坛进行沟通，对产品进行评价。

为了规范对 Beta 测试中测试结果的反馈，一般在制订测试计划的过程中会制定《用户评测报告》模板，引导用户的反馈。表 7-4 所示是某产品的 Beta 测试用户评测报告模板。

表 7-4　Beta 测试用户评测报告模板

一、用户基本信息
用户名： 所属行业： 联系方式：
二、用户综合评价
功能特性：
可以从好的、不足的、需要改进的几个方面进行总结。
性能特性：
可以从好的、不足的、需要改进的几个方面进行总结。
用户体验：
其他建议和意见：
可以从最希望增加的、最希望改进的等方面提出意见和建议。

测试报告要详细地描述测试报告回收情况、用户在各个方面的评价以及反馈的具体问题，给出本次测试的结论。表 7-5 所示为某产品 Alpha/Beta 测试报告模板。

表 7-5　Alpha/Beta 测试报告模板

1. 测试的目的

描述 Alpha\Beta 测试的目的，以及要达到的效果。

2. 测试的内容和时间

描述 Alpha\Beta 测试的内容和进度，说明产品说明书和产品的获取途径。

Alpha\Beta 测试一般需要包含至少 3 个方面的内容：功能测试、性能测试和用户体验测试。

2.1 功能测试

2.2 性能测试

2.3 用户体验测试

3. 分析用户评测报告

说明测试报告回收情况。

对收集回来的评测报告进行分析，从好的方面、不足的方面和用户的建议几个方面进行分析。

分析结果除了作为本次评价的重要参考外，还可以作为产品下一个版本规划的参考资料。

4. 测试出现的问题及影响

列出 Alpha\Beta 测试收集的问题，以及对其严重性评估的结果。

4.1 功能测试结果分析

4.2 性能测试结果分析

4.3 用户体验测试结果分析

5. 评测结论

给出能否进入下一阶段的建议和意见，Alpha 测试的下一阶段为 Beta 测试，Beta 测试的下一阶段为产品正式发布。

6. 其他

附加模块测试、系统测试、Alpha 测试中遗留的问题及其影响的列表，有利于评审人员对存在的问题和风险进行判断。

第8章 测试组织管理

在测试项目开展过程中，人是第一要素，本章主要讲述了如何建立测试团队、测试团队的组织形式、角色配置、人员选择以及日常管理注意事项。本章可以作为选学内容，对于没有或不需要从事测试团队管理工作的人员来说可以忽略。

本章学习目标

- 了解测试团队的建立步骤。
- 了解测试团队的组织形式。
- 了解测试团队的角色配置和人员选择。
- 了解测试组织管理的主要内容。

8.1 测试团队的建立

测试能否成功受到人、流程和工具的影响，其中人是第一要素的，没有人的参与，项目是无法完成的。人贡献了智慧，流程弥补了人的不足，工具则提高了人和流程的效率。

只有专业的测试团队才能开展高水平的测试。要建立测试团队，必须与研发的大环境以及测试的流程关联起来，根据实际需要建立测试团队。

一般情况下，建立测试团队需要经过以下步骤。

（1）确定测试团队在组织中的位置及形式

确定测试团队的隶属关系，以及测试团队与开发团队之间的关系。测试团队的组织形式有 3 种：独立型测试团队、融合型非独立测试团队、资源池形式。具体可以参考 8.2 节的详细介绍。

（2）确定测试团队的规模

测试团队的规模要根据测试的工作负荷来配置，同时考虑人员备份、人员层次、人员技能的需要。

（3）确定组织中需要的测试类型

软件产品的应用领域不同，测试类型也不尽相同，比如，B/S 架构的信息管理系统需要进行浏览器的兼容性测试，但是不需要进行安装卸载测试，而移动应用以及单机应用产品则需要进行安装卸载测试。组建测试团队时要分析自身业务需求，识别测试中的主要测试类型，并不断完善补充。业务需要的测试类型是影响测试人员配置的重要因素。

（4）确定组织中需要的测试阶段以及测试流程

不同的组织有不同的测试阶段，V 模型中包括了单元测试、模块测试、集成测试和系统测试。组建测试团队时要根据实际情况明确需要开展的测试阶段，并定义相关的执行流程。

（5）确定组织内部架构

确定测试团队内部的管理结构、汇报关系等。

（6）确定测试团队角色配置

明确测试团队需要配置哪些角色，定义角色职责，明确技能要求。具体可以参考 8.3 节中的具体描述。

（7）选择合适的测试人员

根据需要选择合适的测试人员，具体可以参考 8.4 节中的具体描述。

8.2 测试团队的组织形式

测试团队的组织形式常见的有 3 种：独立型、融合型以及资源池型。

（1）独立型测试团队

独立型测试团队是指独立于开发团队的测试团队，测试组与开发组之间传递的是测试需求和测试结果（见图 8-1）。其优点是测试团队独立，无偏见，能客观看待被测对象，同时有利于测试人员之间的沟通交流，有利于测试团队的统一和规范管理。不足是由于测试与开发相互独立，不利于测试与开发的沟通，不利于尽早了解项目及参与测试，同时研发团队可能会因为测试团队的存在而懈怠对质量的关注。

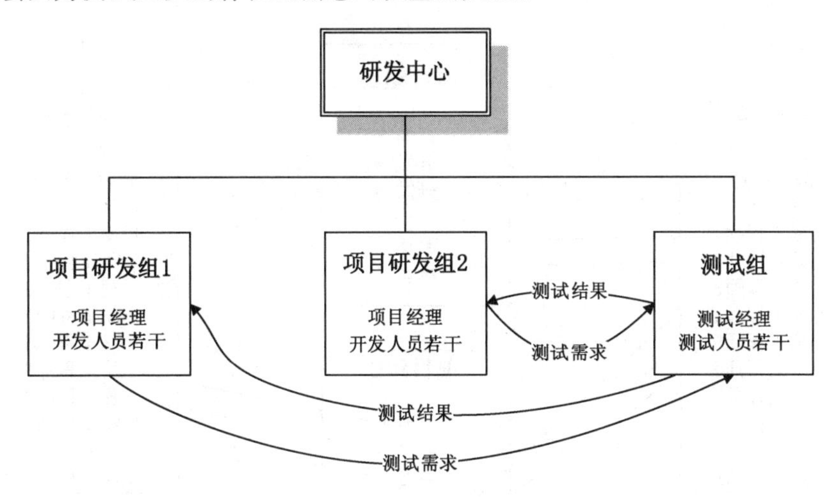

图 8-1 独立型测试团队

（2）融合型非独立测试团队

融合型非独立测试团队以项目为主要组织，测试人员和开发人员都属于项目组（见图 8-2）。其有利于测试与开发的沟通和管理，但是可能会存在测试的偏差，因为每个人（每个团队）都有一种心理趋势，就是认为自己做的东西都是好的，潜意识回避问题。

（3）资源池形式的测试团队

测试人员统一属于测试组，当有项目组建立时将测试人员分到项目组，由项目经理管理，项目完成解散时则重新回到测试组（见图 8-3）。这种组织形式的人员配置灵活，有利于测试人员之间的交流学习，同时有利于开发与测试的交互。但是管理考核有难度，因为测试人员在不同时间归属不同的管理者，存在双重管理的问题。

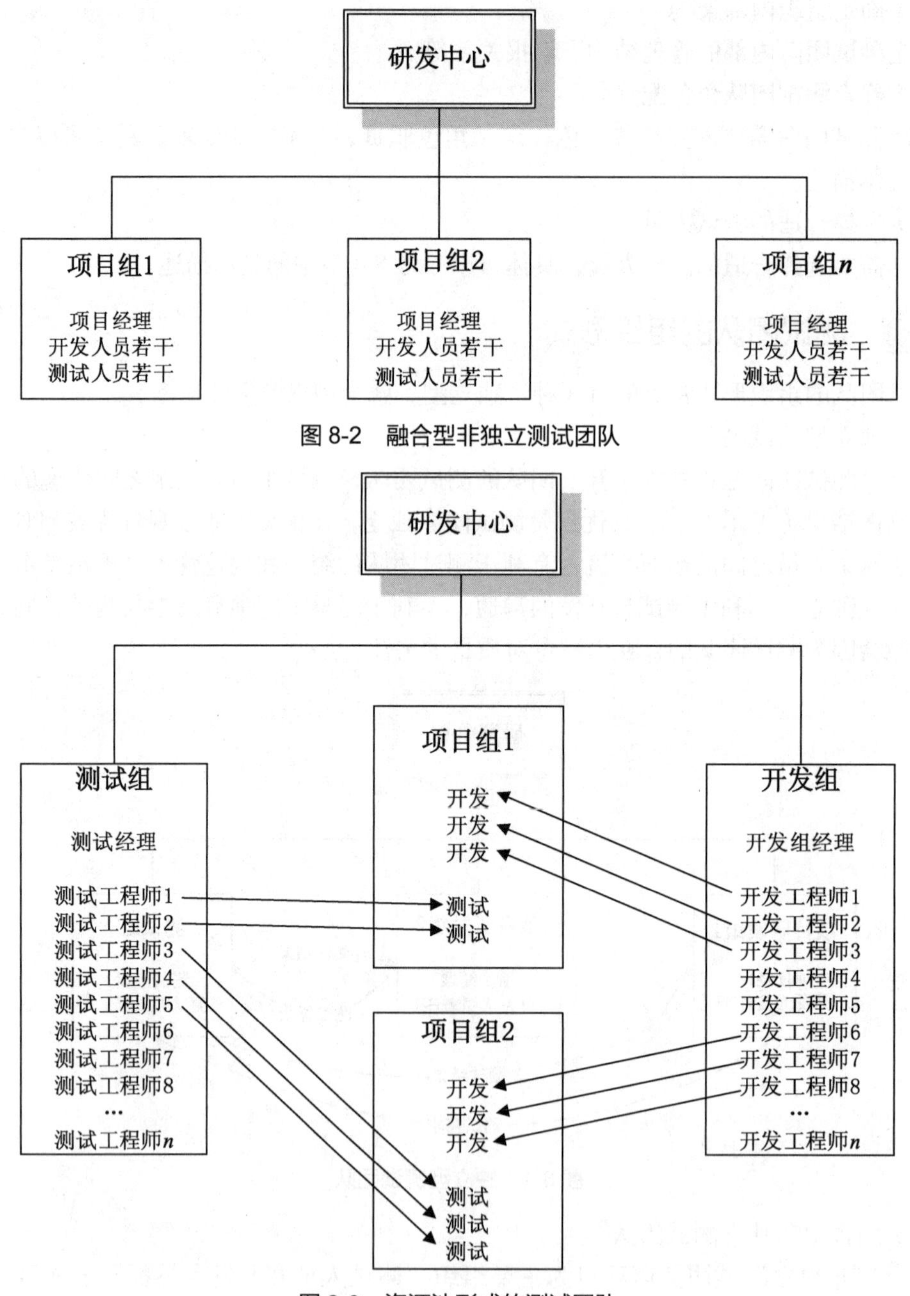

图 8-2　融合型非独立测试团队

图 8-3　资源池形式的测试团队

在资源池形式的测试组织形式中为项目配备测试人员时有两种分配方式：基于技能和基于项目。

（1）基于技能为项目配备测试人员

根据测试类型的需要为项目分配具有不同专长的测试人员。测试人员不必涉及多个主题，注意力集中在自身专业领域即可，但是测试人员需要深入掌握本领域复杂的测试技术和工具。比如，一个 BIOS 测试工程师负责测试不同项目的 BIOS 测试。

这种形式适用于测试难度比较大的项目。

（2）基于项目为项目配备测试人员

基于项目分配测试人员主要根据工作量分配测试工程师，相对于基于技能的分配形式，可以减少测试工程师工作的中断和转换。

实际企业在运作过程中，测试团队的组织形式更加复杂，有时会混合使用多种组织形式。比如有些企业有多条产品线，不同产品线之间采用独立型组织；同一个产品线在分模块开发时采用融合型的项目组形式，模块开发完毕，项目组测试人员全部组成一个测试组，在系统测试期间变成独立型组织。

8.3 软件测试团队的角色配置

测试团队的角色配置要明确角色以及角色职责定义，通常的角色配置如下。

（1）测试经理

其负责组建团队，调配资源，控制进度，选择方案等。

（2）测试工程师

高级测试工程师负责确定测试方案；初级和中级测试工程师负责设计测试用例，执行测试，报告测试结果。

（3）测试工具开发人员（可选）

测试工具开发人员要根据团队测试工具需求的实际情况配置，如果市场通用的测试工具以及开源测试工具不能够满足测试需要，可以配置测试工具开发人员进行测试工具的开发和维护。

（4）配置管理员

配置管理员主要负责测试资产的管理，包括文档管理、版本控制、配置管理等。

（5）IT 管理员

IT 管理员主要负责测试环境搭建，测试工具部署，测试环境维护。

8.4 选择合适的测试人员

在选择测试人员时，要从基本素质和专业技能两个方面来考虑。基本素质主要包括沟通能力、好奇心、学习能力，以及对测试工作的兴趣。专业技能包括软件基础知识、测试基础知识和被测产品领域知识。比如要测试一款 CAD 设计软件，测试人员则应该了解用 CAD 进行设计的相关标准和流程。

（1）测试人员基本素质要求

① 良好的沟通能力：测试人员经常要与项目相关方进行频繁的沟通（包括项目经理、开发人员、客户、市场人员……），因此要求测试人员具有良好的沟通能力和书面表达能力。

② 具有适度的好奇心和怀疑精神。

③ 良好的学习能力：测试人员每次测试新项目都是一次学习过程，需要理解项目需求，理解产品，所以要求测试人员有良好的学习和理解能力。

④ 对质量忠诚，对测试有兴趣。

（2）测试人员专业技能要求

① 普适性专业技能：具备良好的阅读理解、书面表达、统计分析等通用性专业技能。

② 软件专业基础：掌握操作系统、数据库、网络协议、软件工程等软件技术基础知识，至少掌握一门编程语言。

③ 软件测试知识：掌握软件测试基本理论、基本方法等。

④ 被测产品领域知识：理解被测软件要解决的问题，相关业务。软件产品应用于不同的领域，测试人员要具备一定应用领域的知识（比如财务软件）。如果应用领域比较复杂或专业程度较高，则需要为测试团队配置应用领域的专业人员，比如机床加工控制软件。

8.5 测试组织管理的主要内容

测试团队组建完毕后，由测试团队负责人开展测试组织的日常管理工作，主要内容如下。

① 任务分配和检查：日常测试任务的分配，以及进度和质量检查。

② 组织架构维护：根据测试需要及时调整测试团队内部组织架构，比如规模扩大后及时进行分解，开展二级管理。

③ 人员更新：形成人员淘汰更新的机制，保持团队的活力。

④ 沟通交流：确保测试团队内外部的沟通交流顺畅。

⑤ 考核评价：对测试人员进行考核评价，以及绩效改进。

⑥ 技能提升：组织开展培训，提升测试团队的业务技能。

第9章 测试相关的其他过程

与一般的软件项目管理相似，在测试项目管理过程中，除了关注测试过程之外，配置管理、质量保证和评审也是测试成功的重要支撑，理解这些过程有助于更好地完成软件测试工作。

本章简要介绍了软件配置管理、软件质量保证、软件过程中的评审。本章可以作为选学内容。

- 了解软件配置管理的作用以及关键活动。
- 了解软件质量保证的作用以及关键活动。
- 了解软件过程中评审的作用以及关键活动。
- 可以尝试在软件测试项目中引入软件配置管理、质量保证和评审。

9.1 软件配置管理

9.1.1 软件配置管理及其目标

配置管理是指应用技术和管理手段来识别及记录配置项的功能、物理特性，控制其变更，记录和报告变更的过程、实现状态，并检查与项目需求之间的符合度。通过配置管理可以有效地管理工作产品与工作产品之间的一致性，合理地控制和实施变更以维护对项目范围与边界条件的一致的理解。

注意，这里的工作产品就是软件开发过程中产生的需求文档、设计文档、代码、测试方案等中间成果。

实施配置管理的目标主要如下。

目标 1：软件配置管理的各项工作是有计划进行的。

目标 2：被选择的项目产品可被识别、控制，并且可以被相关人员获取。

目标 3：已识别出的项目产品的更改得到控制。

目标 4：使相关组织及个人及时了解软件基准的状态和内容。

配置管理的几个重要术语如下。

① 配置项：处于配置管理之下的软件和硬件的集合体。这个集合体在配置管理过程中作为一个实体出现。

② 基线：已经通过正式评审和批准的某规约或产品，因此它可以作为进一步开发的基

础，并且只能通过正式变更控制过程来改变它的内容；基线由一组配置组成，这些配置构成了一个相对稳定的状态，不能再被任何人随意修改。

③ 配置标识：识别产品的结构、产品的构件及其类型，为其分配唯一的标识符，并以某种形式对它们进行存取。

④ 控制：通过建立产品基线，控制软件产品的发布和在整个软件生命周期中对软件产品的修改。

⑤ 状态统计：记录并报告构件和修改请求的状态，并收集关于产品构件的重要统计信息。

⑥ 配置审计：通过第三方（例如软件质量保证工程师）来确认产品的完整性并维护构件间的一致性，即确保产品是一个严格定义的构件集合。

⑦ 配置管理员：公司内部具体实施与操作配置管理过程的人员/角色。根据实施的层级不同，配置管理员可以分为“产品配置管理员”和“项目配置管理员”两个角色。一般，产品配置管理员是专职的，项目配置管理员由项目成员兼职。

9.1.2 配置管理的活动

配置管理有 7 个关键的活动。

1. 建立并维护配置管理计划

在项目计划明确时，配置管理员应根据项目计划的时间点与里程碑制订针对项目的配置管理计划。该计划中应明确以下要素：

- 参与配置管理的人员及其组织与职责；
- 配置管理资源，包括系统、工具（由团队统一决定）与配置管理环境；
- 需识别的配置项及其标识和位置；
- 配置项的基线计划；
- 非基线化配置项的管理策略；
- 配置库文档资料管理权限的分配策略；
- 配置库文档资料的备份与恢复策略；
- 变更控制的流程和操作方法；
- 配置审计的计划。

2. 创建配置管理环境

按照配置管理计划，配置管理员负责创建配置管理环境，并向所有相关人员分发配置管理环境报告。在此环境中，产品相关人员可以对整个产品进行开发，并能及时取得所需的交付件。

配置管理环境的创建包括以下内容。

- 在指定的配置管理工具上创建配置库，包括开发库、基线库和备份库。
- 建立初始用户信息，并根据产品配置管理计划分配用户权限。
- 导入初始文件，例如“项目规划”文档。

3. 产品的配置标识

产品的核心配置标识有如下几种：

- 文档标识；
- 代码标识；
- 版本标识；
- 配置存储库的目录组织结构。

4. 产品的基线管理和发布

根据产品配置管理计划，在产品开发的不同阶段应建立相应的基线，以将相关的配置项纳入变更管理。

待申请的基线的工作产品必须满足以下条件：和基线相关的文档或代码已经通过评审并获得批准。基线一旦形成应该发布基线报告，这些是下阶段工作的基础，基线化时要填写基线日志，以便记录和查询（见表 9-1）。

表 9-1 基线化日志格式案例

基线内容：《XXX 产品用户需求说明书_V1.1.003.doc》
评审单号：20121226008
变更摘要[如果是变更，则需要变更摘要；如果是第一次基线化，则不需要]：修订当前 xx 需求，增加 xx 需求，删除 yy 需求。

5. 产品的变更控制

由任一产品变更请求（新需求，变更的需求、缺陷或其他原因引起的变更请求）引起产品人员对已建立的基线中任一配置项的变更，都应对其进行变更控制。

6. 产品的配置状态统计和报告

在产品配置管理计划中规定了配置状态报告时间点，以及变更处理完毕时产品配置管理员应对产品的变更进行统计，并向产品相关人员分发产品的配置状态报告。

一般情况下，在里程碑结束或变更发生时进行一次配置状态报告。

7. 产品的配置审计

产品 QA（质量保证人员）应在产品配置管理计划中规定的配置审计时间点进行产品的配置审计，检查配置管理工作是否按照规范开展。如果有不符合项，则要记录下来并督促负责人解决相关问题。

9.1.3 配置管理的目录结构

配置库一般有 3 个目录（见图 9-1）。

```
/
  项目 1/
     trunk/
     tags/
     branches/
  项目 2/
     trunk/
     tags/
     branches/
…
```

图 9-1 配置库的目录结构

（1）trunk—开发库或基线库—主开发目录

trunk 用于存放项目期间处于开发状态的相关代码和资料。trunk 中文为“主干”的意思，在项目运作过程中，日常的开发和管理资料都在此目录中进行维护和更新。

（2）branches—受控库—分支目录

- 用于存放经过验证后的阶段性成果，可以维护。
- 修订某些具有 Bug 的版本、新技术引进版本、客户定制版本等。

（3）tags—产品库—存档目录相当于快照

tags 存放发布后的产品。tag 的中文意思为“标签”，此目录为一些阶段性成果进行存档。该目录为只读目录，不允许进行修改。

9.1.4 配置管理的工具

配置管理通常借用工具来完成，配置管理工具一般具有建立配置库、管理配置库权限等功能。配置管理的常用工具如下：

- Rational ClearCase；
- Git（分布式）；
- TortoiseSVN （集中式管理工具），为开源工具；
- TortoiseHg（分布式管理工具），为开源工具。

9.1.5 软件测试活动涉及的配置项

软件项目的配置管理活动涉及从需求、测试到产品发布的所有内容，具体的测试活动涉及的配置项见表 9-2。

表 9-2 软件测试活动中涉及的配置项

配置项名称	配置项标识	配置项分类
系统测试方案	系统测试方案_XX 项目	基线配置项
系统测试方案评审检查单	系统测试计划评审检查单_XX 项目	基线配置项
系统测试方案评审报告	系统测试计划评审报告_XX 项目	非基线配置项
系统测试用例	系统测试用例_XX 项目	非基线配置项
系统测试用例评审检查单	系统测试用例评审检查单_XX 项目	基线配置项

续表

配置项名称	配置项标识	配置项分类
系统测试用例评审报告	系统测试用例评审报告_XX 项目	非基线配置项
系统测试报告及审批结果	系统测试报告_XX 项目	基线配置项

在配置项分类中，基线配置项是指要进行基线化管理的项，如测试方案，一旦确定下来就要提交到基线库并在研发部广而告之，此后任何对测试方案的修改都要遵循变更的过程；非基线配置项是指内容要入库，但是变更不做严格控制的项。

9.2 软件质量保证

9.2.1 质量保证的意义

质量保证（Quality Assurance，QA）的目的是提供一种有效的人员组织形式和管理方法，通过客观地检查和监控“过程质量”与“产品质量”，从而实现持续地改进质量。质量保证是一种有计划的、贯穿于整个产品生命周期的质量管理方法。

质量保证的关键活动如下：

- 制订质量保证计划；
- 过程与产品质量检查；
- 问题跟踪与质量改进。

9.2.2 质量保证的相关活动

1. 制订质量保证计划

QA 人员在产品开发启动前对质量保证活动进行策划。产品 QA 根据产品计划、产品开发过程制订《产品质量保证计划》。

《产品质量保证计划》的主要内容如下：

- 产品特点和产品关键活动；
- 产品质量保证计划，需要详细列出什么时间进行何种检查。

2. 审批质量保证计划

产品质量保证计划需要通过 QA 团队负责人的审批。

QA 团队在行政上独立于任何项目，项目 QA 的工作与项目紧密相关。《质量保证计划》需要经过项目经理的审批才能生效，以确保《质量保证计划》与《项目计划》一致。

3. 过程与产品质量检查

QA 依据质量保证计划进行项目 QA 审计工作，客观地检查项目组的“工作过程”和“工作成果”是否符合既定的规范，并按照规定将审计结果发布给项目组成员和 QA 团队负责人。 审计时一定要有项目组人员陪同，不能搞突然袭击，双方要开诚布公，坦诚相对。项目 QA 人员的工作应侧重过程的引导，而非工作产出的核查。另外，针对项目成员提出的建议，项目 QA 人员应认真思考该建议是否具有积极效果。

QA 开展审计的内容如下：

- 是否按照过程要求执行了相应活动；
- 是否按照过程要求产生了相应产品。

4. 问题跟踪与质量改进

此活动中，QA 识别质量问题并跟踪问题的解决过程；分析共性质量问题，给出质量改进措施。审计中发现的问题需要列入《不一致项问题跟踪表》，并要求项目的负责人进行改进。

5. 分析共性问题，给出过程改进措施

QA 根据实际质量保证过程中发现的问题，提出过程改进的机会，并描述到《QA 审计检查单和审计报告》中。

QA 团队分析项目内共性的质量问题，给出质量改进措施。过程改进小组会定期收集过程改进机会，进行过程改进。

9.3 评审

9.3.1 评审概述

评审在产品开发生命周期中属于支持过程，贯穿于产品开发周期与项目开发周期的整个过程，执行技术评审的目的如下：

① 从多角度检查和评估每个阶段工作产品的合格情况，确保每个阶段的产出都是符合既定要求的，从而减少软件开发周期（包括项目周期）的返工现象；

② 静态地测试程序中可能存在的错误或评估程序的过程；

③ 以更低成本、更高效地在软件开发生命周期的早期就发现问题，识别产品质量的隐患；

④ 确保该阶段的工作产品能够成为下阶段工作的正确输入，采取适当的纠正措施和预防活动，确保后续工作产品的质量。

技术评审从形式上分为正式评审和非正式评审两种方式。

非正式评审包括走查和轮查，形式比较灵活、简单，但其过程不够严谨，适合代码走查等工作产品的核查。这里的工作产品指软件生命周期中的各种产出物，包括各种文档、代码等。代码走查依据研发体系颁布编码规范等技术标准，以通过事先制定好的代码检查表（CheckList）进行检查。

正式评审主要包括正规检视和同行评审，主要针对技术类设计文档和方案进行评审和验证。其中，正规检视最为正式，而同行评审作为较为正式的一种评审方法，将是本章将要详细介绍的一种方法。同行评审在 CMMI 中是 VER（Verification）验证的一个 SG（特殊目标）。同行评审的英文是 Peer Review。Review 的意思是检查、审阅。从字面意思可见，同行评审是一群从事相同或相关工作的人在一起认认真真地对工作产品进行检查或审阅。在 CMMI 中对同行的定义就不仅仅局限于从事相同工作的人，而是与该工作相关的所有人员，例如，软件开发人员的工作就与软件设计人员、软件测试人员、软件需求人员、项目管理人员的工作息息相关，凡是从事软件相关工作的人，都可以称为同行。

技术评审的过程主要是制订计划和执行的过程。

① 制订评审计划：描述了评审活动的计划，该计划包含在项目计划当中，属于项目计划的一部分，其目的是提前规划整个产品开发周期中需要进行评审的工作产品，保证各阶段的产出都能得到验证。

② 执行同行评审：描述了同行专家评审活动的具体开展过程。作为一种正式的技术评审方式，它的执行是对需要进行同行评审的产品进行验证。

③ 执行走查评审：描述了走查评审活动的具体开展过程。作为一种非正式的技术评审方式，它的执行是对不需要进行同行评审的产品进行验证。

其中，同行评审和走查评审是可选的。对于工作产品的评审，只需选择其中一种执行即可。

9.3.2 同行评审的活动过程

同行评审的活动过程见图 9-2。

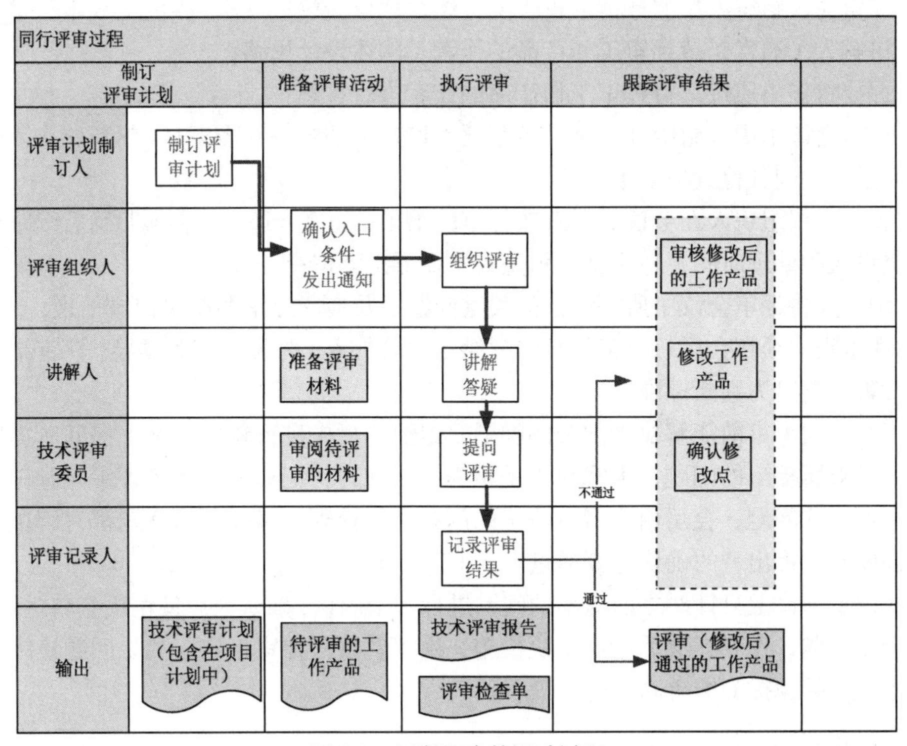

图 9-2 同行评审的活动过程

1. 制订评审计划

项目经理在编制项目计划时需要计划好所有项目周期中工作产品的评审方式。计划需要确定哪些阶段的哪些工作产品将采用何种方式评审，并写明评审人员的资格要求，最终将这些内容写在《项目计划书》中。

2. 准备评审活动

评审活动组织人与待评审的工作产品作者确认待评审的工作产品是否已经准备完毕，是否达到评审状态。

评审活动组织人与各位参与人确认同行评审会议可行的时间、地点，编制评审议程安排，并将评审检查单发给评审的参与对象。

待评审的对象须在评审前规定的工作日按照评审检查单的要求准备好待评审对象的讲解和演示材料。

评委须在评审之前规定的工作日完成待评审的工作产品（主要是文档）的文档审查，掌握评审的要点。

评审组织人在评审前规定的工作日与各位评委确认待评审的文档是否已经经过审阅，与评审对象确认评审材料是否已准备好。确认完毕后，向各位参与人正式发出评审会议通知，说明评审会议的议程。

3. 执行同行评审

评审会议的具体步骤如下：

① 评审会议组织人按照评审的议程安排组织评审会议；

② 讲解人（通常是待评审工作产品的作者）阐述设计思路；

③ 评委将提出质疑，待评审工作产品的作者进行答疑；

④ 评审会议组织人组织评审委员填写评审检查单并统一评委意见，判断此次被评审的工作产品是否达到各检查项要求；

⑤ 评审会议组织人在会议最后宣布评审的结果，如果未通过，必须明确后续跟进修正问题的负责人和处理时间，并明确表示是否需要再次评审；

⑥ 记录人将评审会议中所有争论的关键问题以及最后评审的结果记录下来；

⑦ 评审报告须在会后一个工作日内发给各位参与人，并告知相关领导。评审结束必须以评审报告的发出为判断标准。

为了在正式评审前能解决大部分的问题，组织者可先进行预审，会上提问者提出自己的问题。针对所提出的问题，大家讨论是否为一个问题，记录者使用《评审问题记录单》记录会上所有的问题，会后由作者对收集的问题进行处理，确保所有问题都有解决方案，所有问题要经过提出者的确认才算通过。

正式评审会议上只针对之前提出的问题进行一个确认，确认完后使用检查单进行评审。记录者记录问题，作者在会后给出解决措施，组织者撰写评审报告。如果问题最终不能确定，则把遗留问题提交给更高层的决策者。

4. 跟踪评审结果

评审组织人通知被评审的对象按照《技术评审报告》以及签署意见的《评审检查单》中的建议对工作产品进行修正，并在完成修正之后，与提出意见的人员逐一核对是否修正正确。

如果评审委员满意修正后的工作产品，则评审组织人将更新后的工作产品纳入配置管理库。

跟踪评审结果将仅限于评审中标识出的不通过项。

9.4 项目实践任务八：测试项目答辩

实践任务：

总结并回顾项目测试的整个过程，进行项目答辩。

实践指导：

① 答辩前已提交所有要求提交的内容：

- 项目测试计划；
- 项目测试用例；
- 项目测试缺陷；
- 项目测试报告。

② 答辩要求使用 PowerPoint 演示（首页列出团队成员）。

③ 全部成员上台答辩，组长负责介绍整个项目情况，成员分别介绍自己负责的部分。

第⑩章 ALM实践应用

除了使用 Office 办公软件辅助完成软件测试外，大部分测试团队都引入了测试管理工具，本章简要介绍了用 HP 公司 ALM 软件开展测试管理的方法，并给出了实训的要求和步骤。

应用 ALM 重点要了解 4 个方面的内容：ALM 的安装和服务器部署、ALM 的站点管理、ALM 项目自定义设置、ALM 测试管理。其中，前 3 个方面是系统管理员和项目管理员需要掌握的内容；ALM 测试管理是测试工程师要掌握的内容，包括了测试需求管理、测试计划管理、测试实验室和测试缺陷管理。

本章学习目标

- 了解 ALM 的安装和配置。
- 了解如何用 ALM 开展需求管理。
- 了解如何用 ALM 开展测试用例管理。
- 了解如何用 ALM 开展测试执行管理。
- 了解如何用 ALM 开展测试缺陷管理。
- 尝试用 ALM 开展软件测试项目的管理。

10.1 ALM 安装准备

10.1.1 ALM 服务器操作系统准备

ALM 需要安装在 Windows Server 版的操作系统上，并且要求系统安装 IIS 服务。建议使用 Windows Server 2008 版本，为了教学方便，可以将系统安装在 VMware 的虚拟机中。系统安装时的注意事项如下。

1. Windows Server 2008 IIS 配置

Windows Server 2008 通过“添加角色向导”窗口，选择“Web 服务器（IIS）”进行 IIS 的安装（见图 10-1）。

2. 使用 VMware 快照功能进行备份

建议在后续的软件和安装配置过程中完成软件安装和软件配置，然后使用 VMware 的快照功能给系统做好备份，以便需要的时候进行系统恢复。

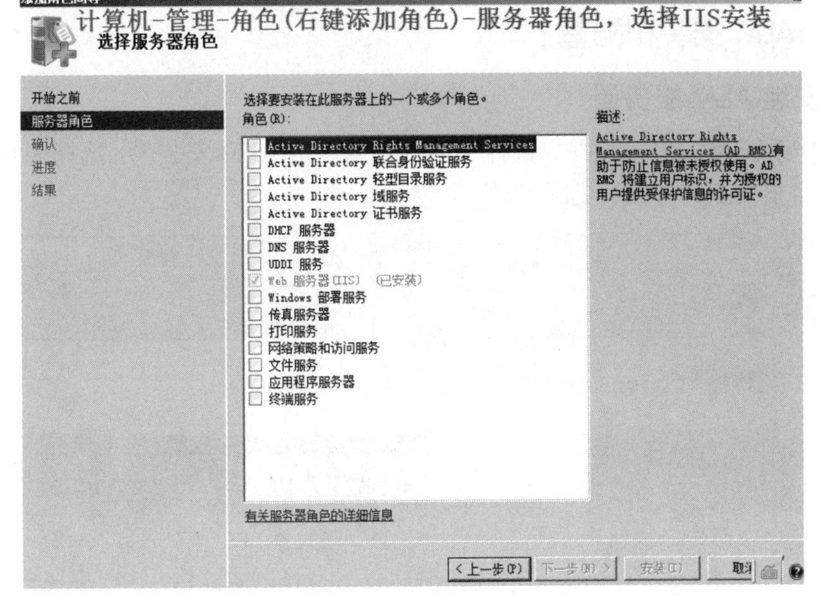

图 10-1　Windows Server 2008 IIS 配置

10.1.2　实训一 ALM 安装准备

1. 实训目标

- 理解被测项目的需求。
- 准备好安装 ALM 的 Windows 操作系统。

2. 实训完成标准

- 能用 VMware 启动 Windows 2008 Server 虚拟系统。
- 系统的 IIS 服务正常。

3. 实训任务和步骤

任务一：理解被测软件项目

选择被测试的软件项目，并理解被测项目，开展测试需求分析。

任务二：准备好实训要用到的全部软件

- 虚拟机软件：VMware 8.0 或以上版本。
- 操作系统：Windows Server 2008，32 bit。
- 数据库软件：SQL Server 2008，32 bit。
- ALM 服务器端软件：Software_HP_ALM_11.0_SimplChinese，32 bit。
- ALM 客户端软件：ALMExplorerAddIn。

任务三：准备 Windows 2008 Server 操作系统

- 将操作系统安装在 VMware 8.0 或以上的版本上，作为虚拟操作系统。
- 为操作系统安装 IIS 服务器。
- 确保虚拟系统能正常连接到互联网络。

10.2 ALM 安装和配置

10.2.1 安装 ALM 服务器

① 操作系统为 32 位的系统，选择 Win32 目录下的 ALM 安装包，选择 Setup，即可打开 ALM 服务器安装的界面，见图 10-2。

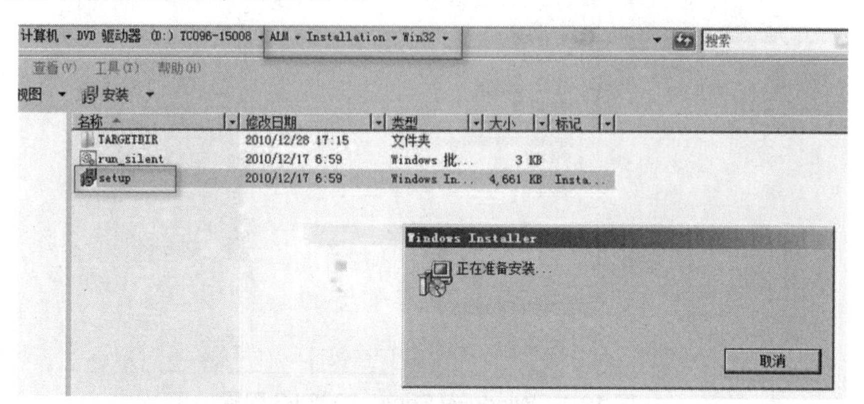

图 10-2 启动 ALM 安装程序

② 在欢迎界面中单击“下一步”按钮，见图 10-3。

图 10-3 ALM 安装—欢迎界面

③ 此时弹出许可协议界面（见图 10-4），阅读许可协议后选择“我同意”单选按钮，然后单击“下一步”按钮。

④ 出现图 10-5 所示的客户信息界面，可以填写姓名或公司名称，然后单击“下一步”按钮。

⑤ 在选择安装文件夹界面中选择要安装的目录，然后单击“下一步”按钮，见图 10-6。

⑥ 此时相关的安装设置已经完毕，出现图 10-7 所示的确认安装界面，单击“下一步”按钮开始安装。

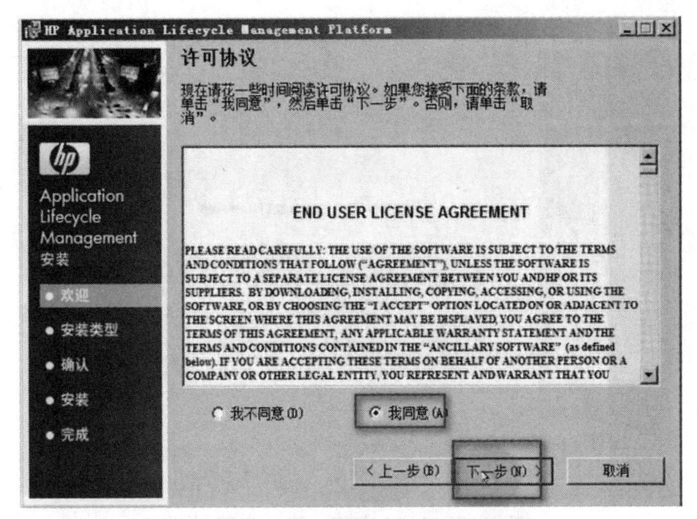

图 10-4　ALM 安装—许可协议界面

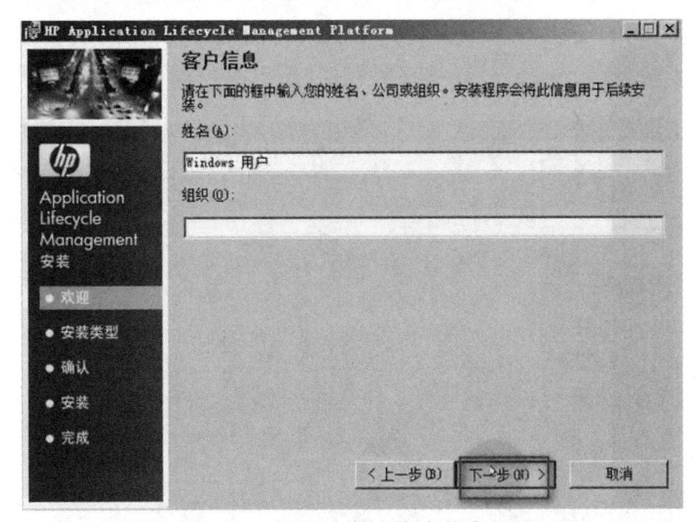

图 10-5　ALM 安装—客户信息界面

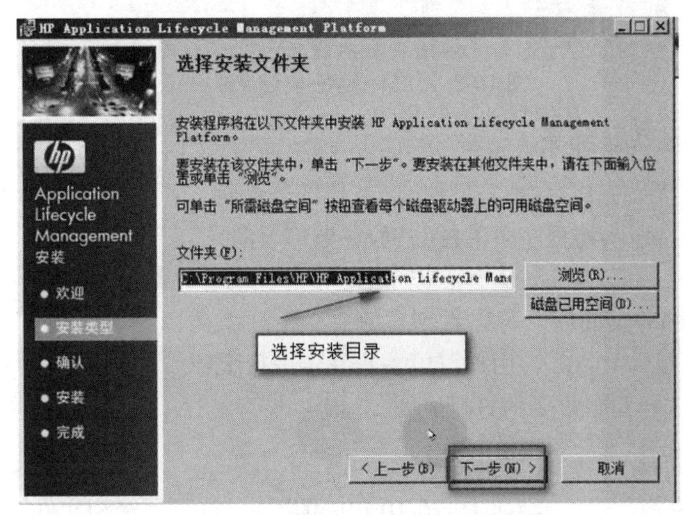

图 10-6　ALM 安装—选择安装文件夹界面

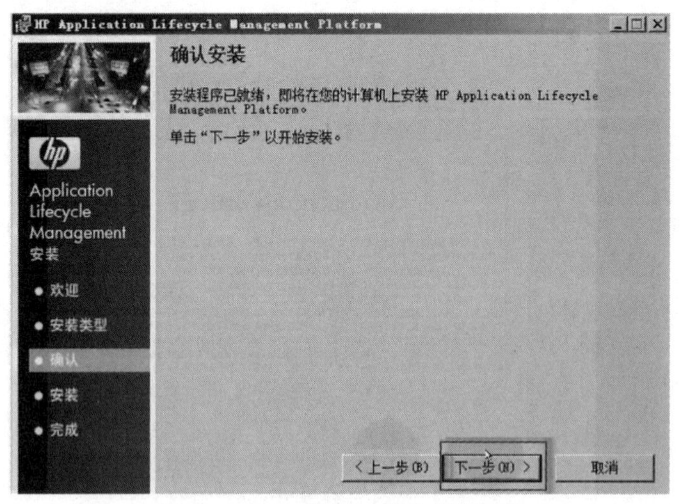

图 10-7 ALM 安装—确认安装界面

⑦ 经过一段时间的安装，ALM 安装完毕后出现图 10-8 所示的安装完成界面，单击“完成”按钮即可完成安装。

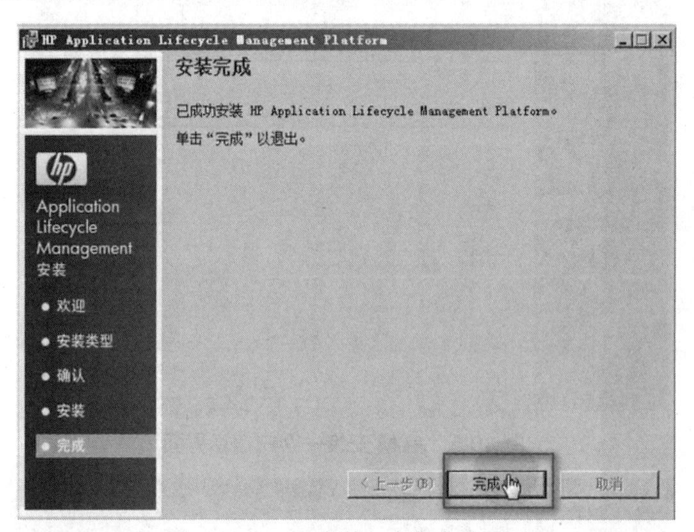

图 10-8 ALM 安装—安装完成界面

10.2.2 ALM 服务器部署

ALM 服务器安装完成后会自动弹出服务器部署页面，也可以通过图 10-9 所示的程序菜单栏的“服务器部署向导”打开部署页面。

图 10-9 服务器部署向导

打开服务器部署页面后，可以看到左侧有一系列需要部署的部署项（见图 10-10），用户可以一步一步进行服务器的部署，这里选择几个重要的进行说明。

1. 许可证密钥

在“许可证密钥”选项卡（见图 10-10）中可以在“许可证密钥文件”编辑框选择已经

获取的许可证文件以获取软件使用权限。如果没有购买许可证，也可以使用试用版，此时勾选“使用评估密钥”复选框即可。

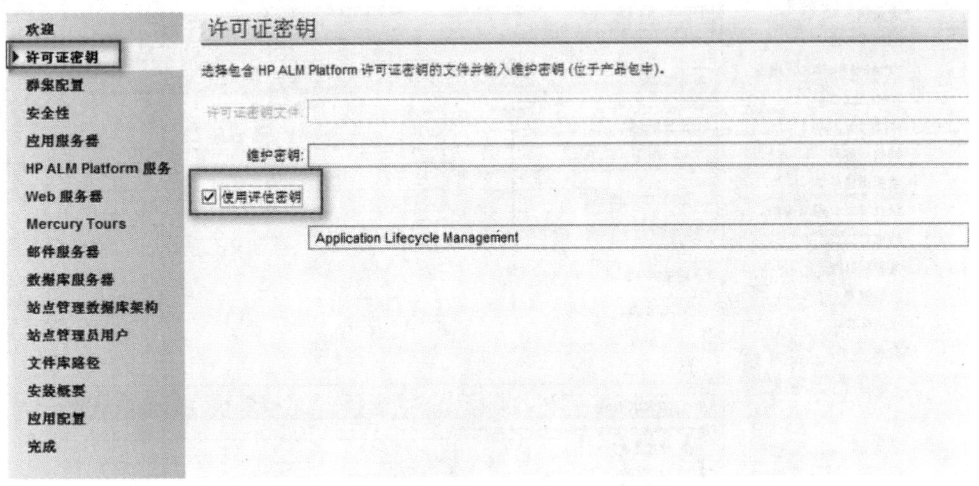

图 10-10 服务器部署向导—“许可证密钥”选项卡

2. 安全性

在“安全性”选项卡中可以设置数据加密和通信安全的密码，一般要求至少 12 个字符的字符串，见图 10-11。

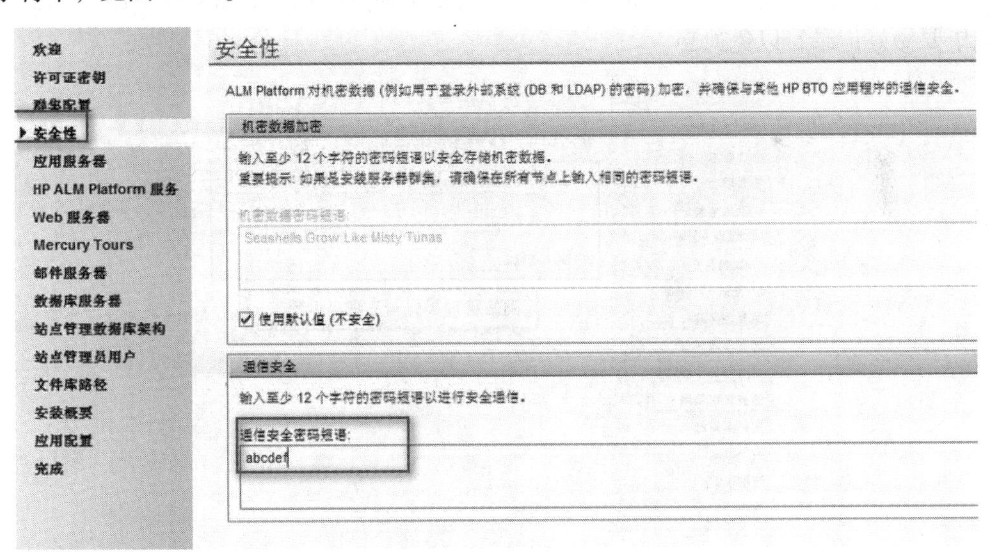

图 10-11 服务器部署向导—“安全性”选项卡

3. 数据库服务器

在“数据库服务器”选项卡中则要填写清楚数据库类型、数据库参数、数据库管理员登录账号和密码，见图 10-12。这里选择已经安装的 SQL Server 数据库，需要填写数据库服务器的主机名、端口号，以及访问数据库的用户名和密码。

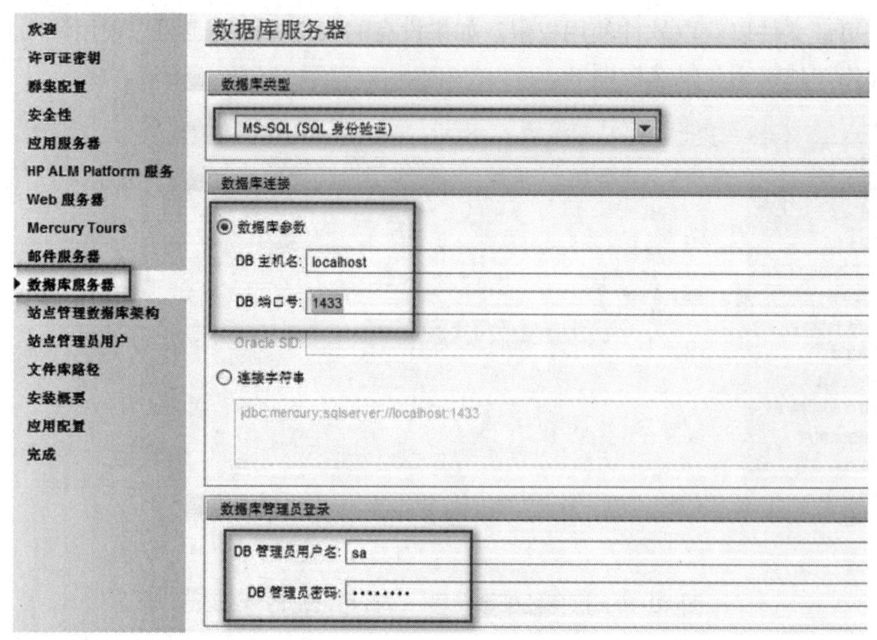

图 10-12　服务器部署向导—“数据库服务器”选项卡

4. 站点管理员用户

在“站点管理员用户”选项卡中可以设置网站管理员的账号和密码（见图 10-13），设置完毕要做好记录，以免遗忘。

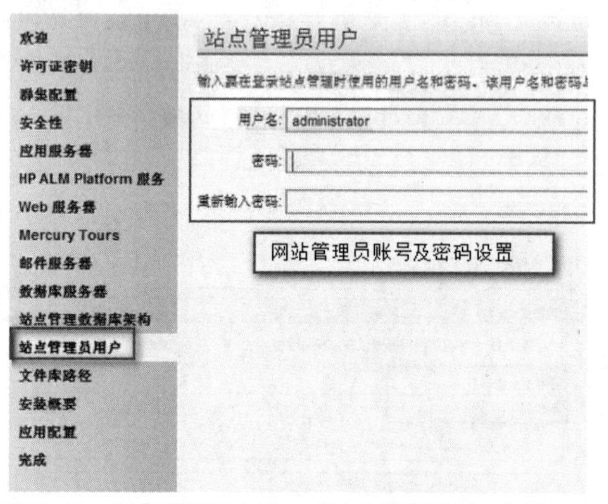

图 10-13　服务器部署向导—“站点管理员用户”选项卡

10.2.3　ALM 站点配置

ALM 服务器部署完成后，可以用站点管理员账号通过浏览器访问 ALM 服务器，访问的网址为 http://IP 地址:端口号/qcbin/，比如 http://localhost:8080/qcbin/，单击页面中的“站点管理”超链接便可以开始进行站点管理，站点管理共有 9 个选项卡。

1. 许可证信息浏览

通过“许可证”选项卡可以浏览得到授权的模块以及到期的日期，见图 10-14。

站点项目 | 站点用户 | 站点连接 | 许可证 | 服务器 | 数据库服务器 | 站

修改　导出

许可证状态:

许可证	正在使用	最大值	到期日期
✓缺陷	0	2	12/25/2
✓测试计划-测试实验室	0	2	12/25/2
✓需求	0	2	12/25/2
✓管理	0	2	12/25/2
✓版本控制	0	2	12/25/2
✓Advanced Reports	0	2	12/25/2
✓控制面板	0	2	12/25/2

图 10-14　ALM 站点配置—“许可证”选项卡

2．服务器信息浏览和编辑

选择“服务器”选项卡，可以看到服务器的日志设置以及最大数据库连接数，见图 10-15。页面上具有蓝色下画线的文字可以单击，用于修改相应的设置。

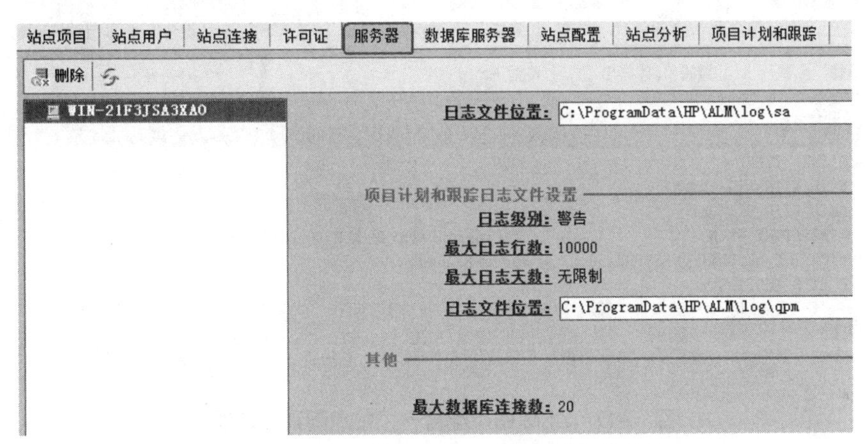

图 10-15　ALM 站点配置—“服务器”选项卡

3．数据库服务器信息浏览和编辑

通过“数据库服务器”选项卡可以浏览数据库服务器的基本信息（见图 10-16），包括连接字符串、连接数据库的用户名等信息。

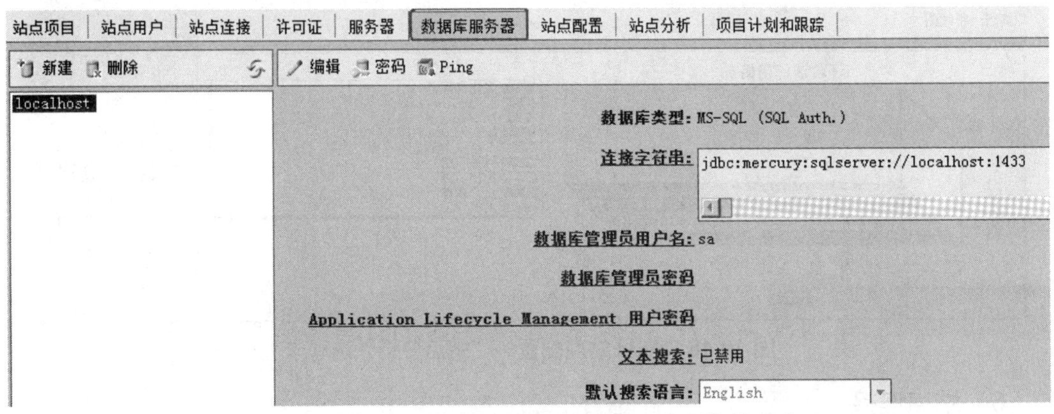

图 10-16　ALM 站点配置—“数据库服务器”选项卡

4．站点配置

“站点配置”选项卡列出了使用站点时的常用配置项，在使用中可以根据实际情况进行配置。当选中一个配置项时，底部的“参数描述”文本框会详细地说明该配置项的意义（见图 10-17）。举例如下。

● ADD_NEW_USERS_FROM_PROJECT：如果此参数设置为 N，则只能通过站点管理员（“站点用户”选项卡）添加新 ALM 用户。如果此参数设置为 Y（默认值），则还可以通过“项目自定义”添加新 ALM 用户。

● ATTACH_MAX_SIZE：从 ALM 发送电子邮件时可以添加的最大容量的附件（KB）。如果附件大小超出指定值，则电子邮件将不带附件发送。默认情况下，电子邮件附件最大为 3 000 KB。

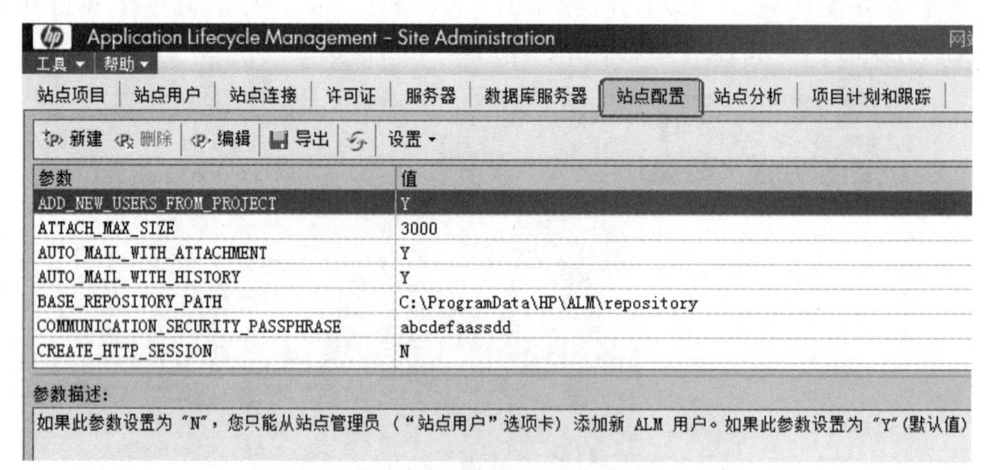

图 10-17　ALM 站点配置—“站点配置”选项卡

5．站点分析

在“站点分析”选项卡（见图 10-18）中可以浏览一段时间内 ALM 服务器连接的情况，可以通过右侧的面板设置需要查看的时间段，浏览模式可以通过“类型”选项来选择。

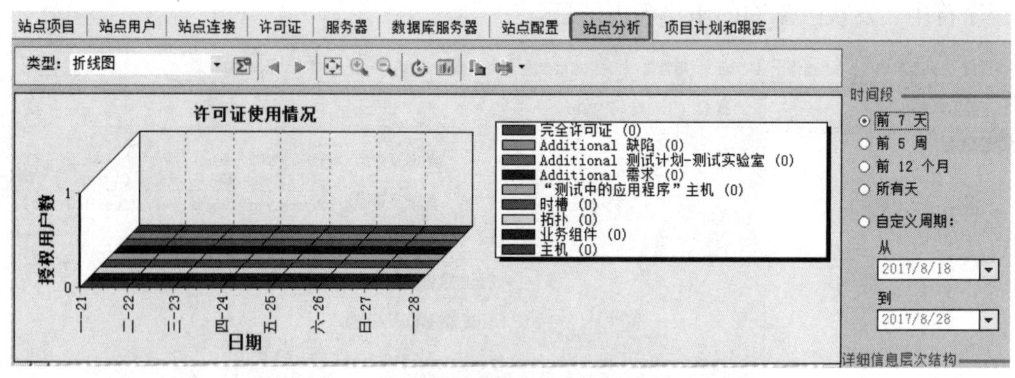

图 10-18　ALM 站点配置—“站点分析”选项卡

6．站点连接

“站点连接”选项卡列出了当前连接到服务器的客户端（见图 10-19）。

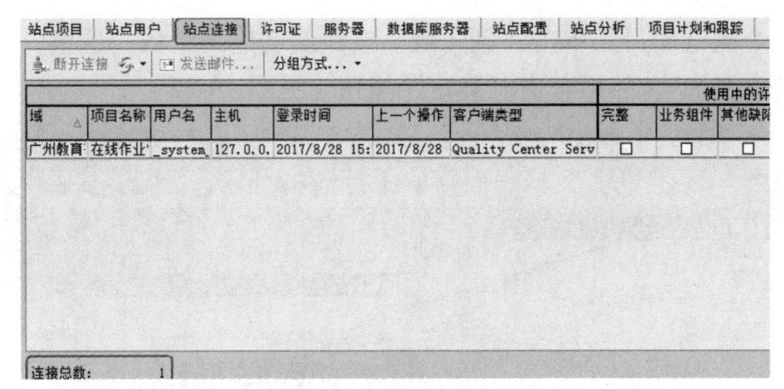

图 10-19 ALM 站点配置—“站点连接”选项卡

7. 站点用户管理

站点用户是站点管理的一个重要功能，主要包括添加用户、删除用户、停用用户以及为用户设置密码。停用用户后，用户不能成功登录。

在“站点用户”选项卡添加用户后便可以将用户添加到项目组中，也可以给选中的用户添加密码（见图 10-20）。

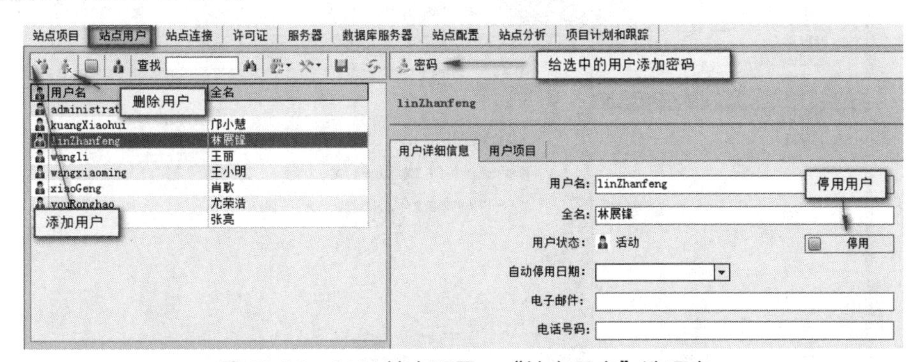

图 10-20 ALM 站点配置—“站点用户”选项卡

8. 站点项目管理

用户可以通过“站点项目”选项卡新创建一个项目。首次进入该选项卡有一个默认的域 DEFAULT，默认的域不能删除，用户自己创建的域可以删除。域可以理解为一个文件夹，一个域中可以创建多个项目。

选中一个域后可以看到域的基本信息（见图 10-21），包括域在磁盘上的物理存储位置。

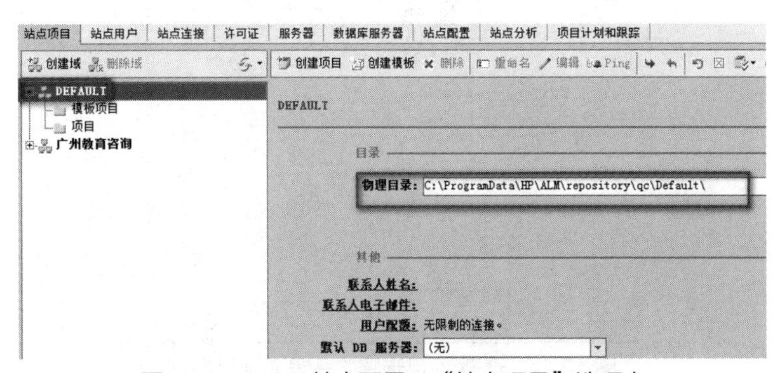

图 10-21 ALM 站点配置—“站点项目”选项卡

为了增加一个测试项目，单击“创建域”按钮新创建一个域。这里，域的名字为企业的名字“广州教育咨询”，然后单击“确定”按钮（见图 10-22）。

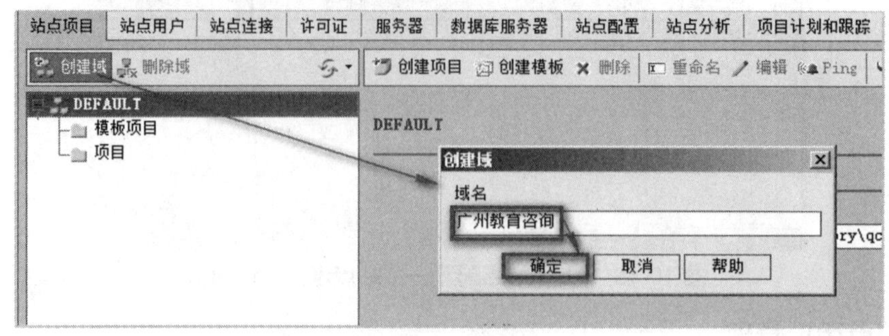

图 10-22　创建域

见图 10-23，要创建一个项目，先选择项目所属的域，单击“创建项目”按钮，选择“创建一个空项目”单选按钮。

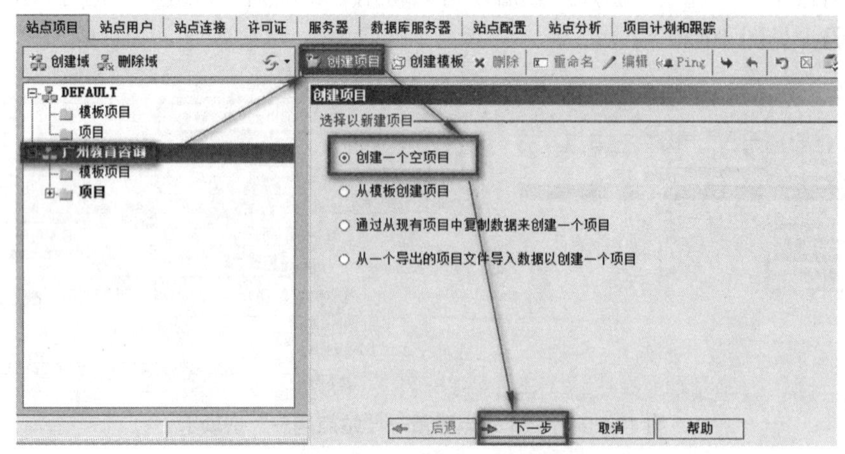

图 10-23　创建项目步骤——创建空项目

当单击“下一步”按钮后，在弹出的对话框中可以填写项目名称，见图 10-24。对话框中会显示目前选择的域，在这里也可以修改项目所属的域。

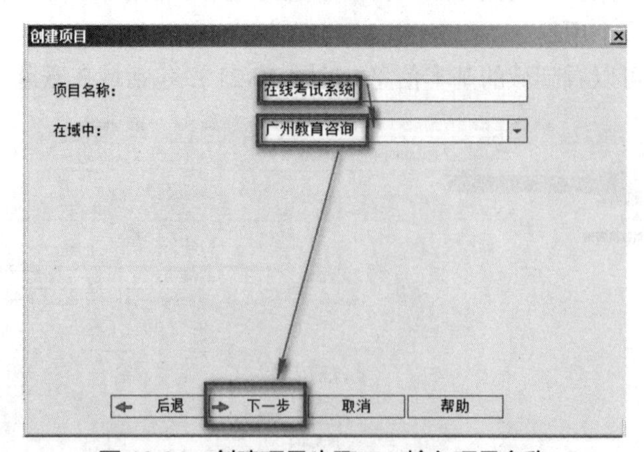

图 10-24　创建项目步骤二—输入项目名称

依次单击“下一步”按钮，配置项目的数据库（见图 10-25）、添加项目管理员（见图 10-26）。

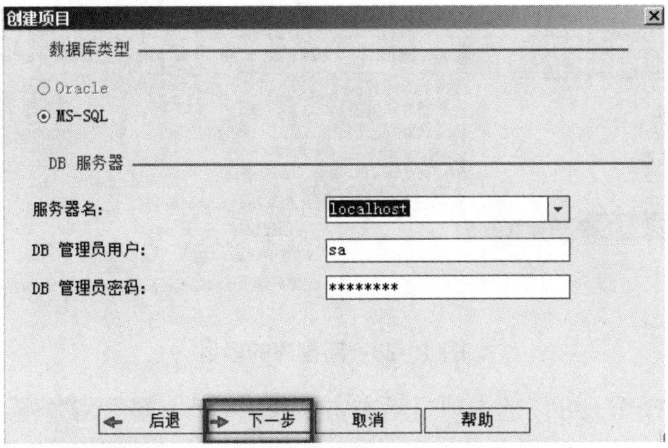

图 10-25 创建项目步骤三—配置数据库

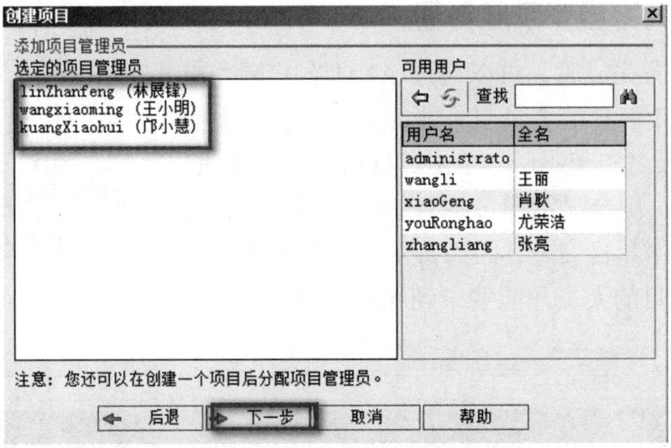

图 10-26 创建项目步骤四—添加项目管理员

见图 10-27，正式创建项目之前，会显示当前设置的项目信息，一般新创建的项目都是要立即投入测试的，所以要选择“激活项目”复选框，单击“创建”按钮，此时即可完成项目的创建。

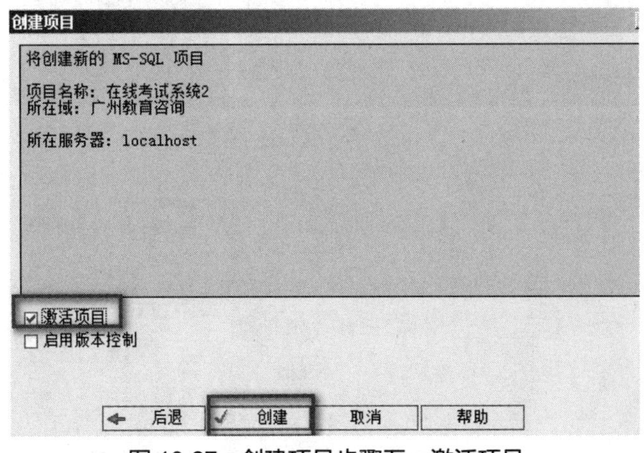

图 10-27 创建项目步骤五—激活项目

创建成功后的项目见图 10-28。

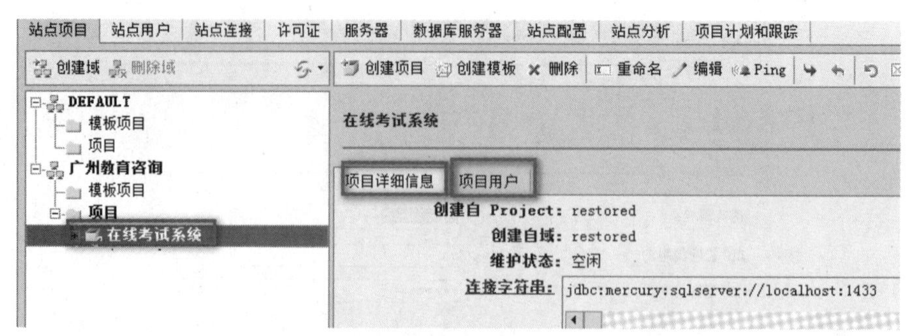

图 10-28 新创建的项目

要进行更多的操作，可以选中项目后右击，通过右键菜单对项目进行操作，见图 10-29。

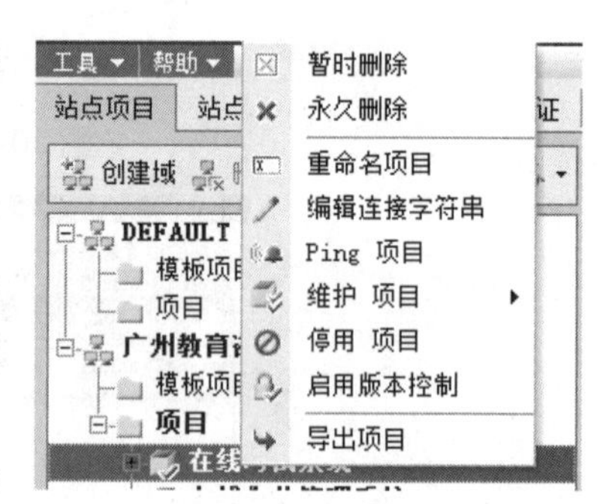

图 10-29 项目编辑

10.2.4 客户端浏览器登录服务器

服务器站点配置完成后，可以通过 ALM 客户端登录服务器。通过 ALM 客户端登录服务器的身份验证界面见图 10-30，输入登录名和密码后，单击“身份验证”按钮，如果身份验证通过，则会显示用户参与的项目以及所属的域。这样设置是为了项目安全，因为每个用户参与的项目不同，只有参与项目的人员才能登录到相应的项目。

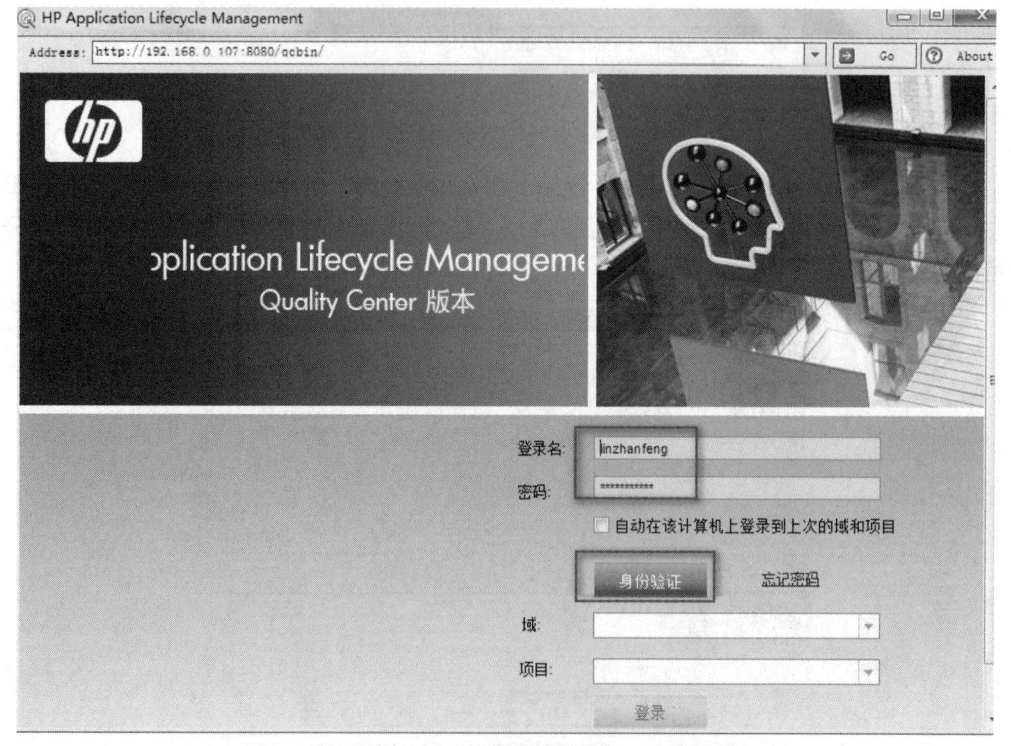

图 10-30 通过 ALM 客户端登录服务器—身份验证

身份验证通过后，单击“登录”按钮就可以登录到相应的项目中开展工作，见图 10-31。

图 10-31　通过 ALM 客户端登录服务器—登录

见图 10-32，登录后，上方显示当前登录的域、项目以及用户名。在项目的工作页面中，左侧是导航，包括控制面板、管理、需求、测试、缺陷选项。单击导航选项，则在右侧展开相应的内容。

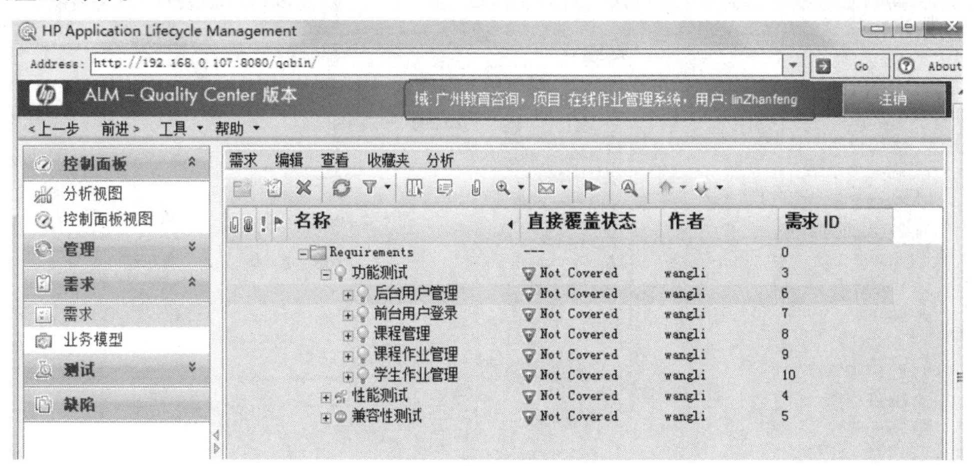

图 10-32　通过 ALM 客户端登录服务器—登录成功

ALM 客户端访问服务器时注意以下内容。

- 输入服务器地址时注意带上端口号，一般是 8080 端口。
- 客户端和服务器之间的网络必须是通的（能互相 ping 通）。如果不通，则可能是防火墙问题。

10.2.5 项目自定义配置

ALM 提供了对每个项目的自定义管理功能，用户通过自定义功能可以对项目的基本信息进行设置。见图 10-33，项目自定义功能从 ALM 的“工具”菜单中打开。

图 10-33 ALM“工具”菜单

打开项目自定义窗口，其中有比较多的自定义项，这里只讲解几个比较重要的定义项。首先是项目用户的设置，可以通过“项目用户”选项卡添加或删除项目组成员，见图 10-34。

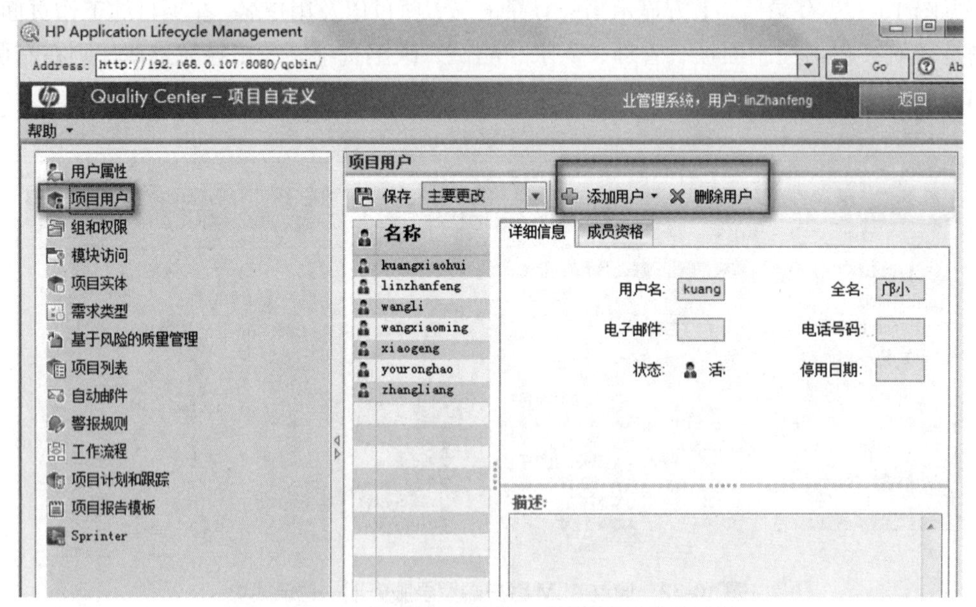

图 10-34 ALM 项目自定义—“项目用户”选项卡

“组和权限”选项卡则可以设置组的权限和成员，见图 10-35。

ALM 中应用了比较多的表格，表格中又有许多的字段。“项目实体”选项卡和“项目列表”选项卡可以对这些实体进行配置，包括字段以及字段的选项。

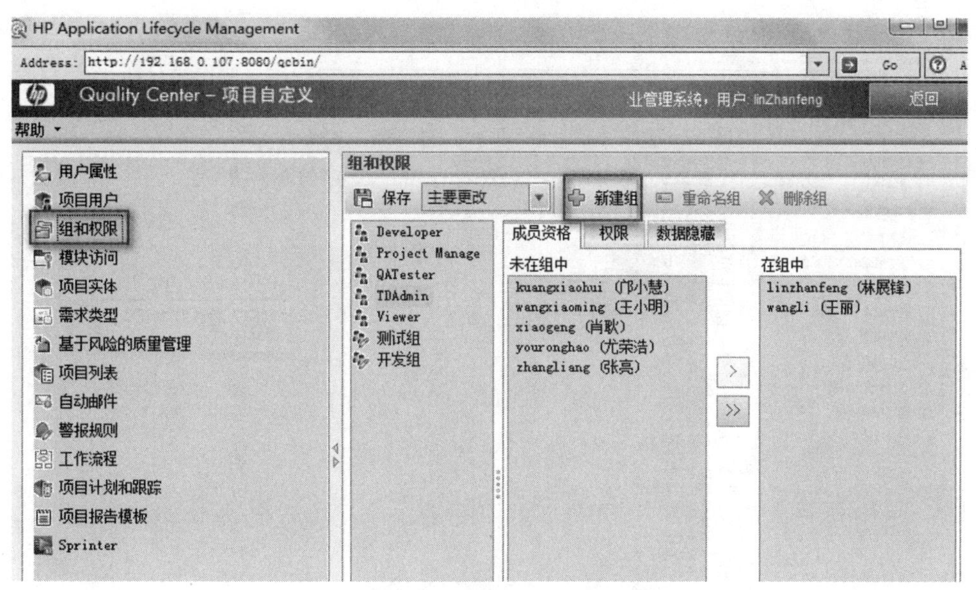

图 10-35 ALM 项目自定义—“组和权限”选项卡

“项目列表”选项卡中列出了项目实体中引用的列表。见图 10-36，项目列表中缺陷的严重程度有 5 个等级，在输入缺陷的时候可以根据情况选择。如果这里的默认列表不能满足用户需要，则用户可以自己进行修改。

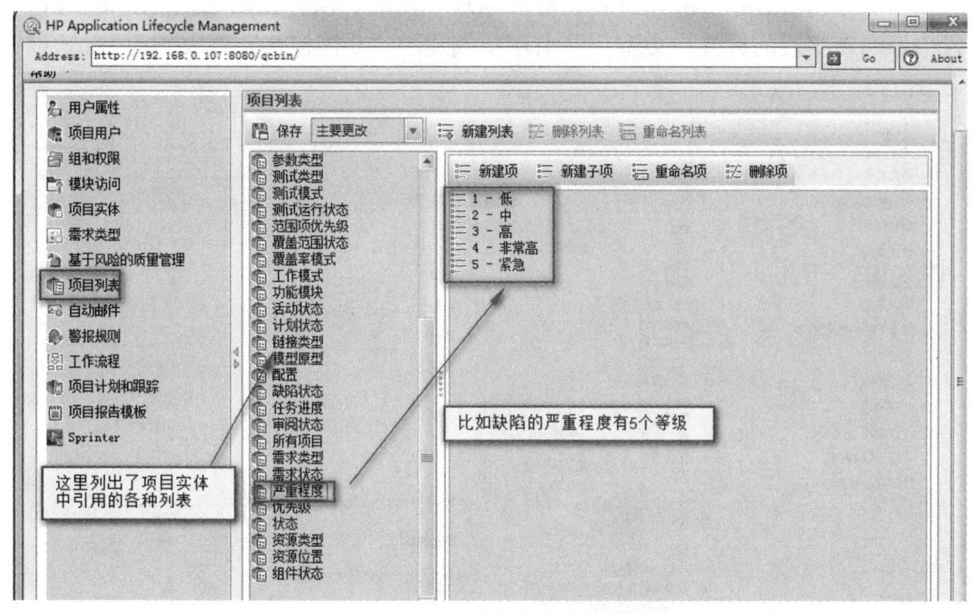

图 10-36 项目列表中严重程度列表

在新建缺陷时往往需要指定缺陷所属的功能模块，每个产品的功能模块是不同的，此时就需要新建一个“功能模块”的列表。见图 10-37，可以在“项目列表”选项卡中单击“新建列表”按钮，创建一个名为“功能模块”的列表，然后通过“新建项”按钮建立 4 个子项。

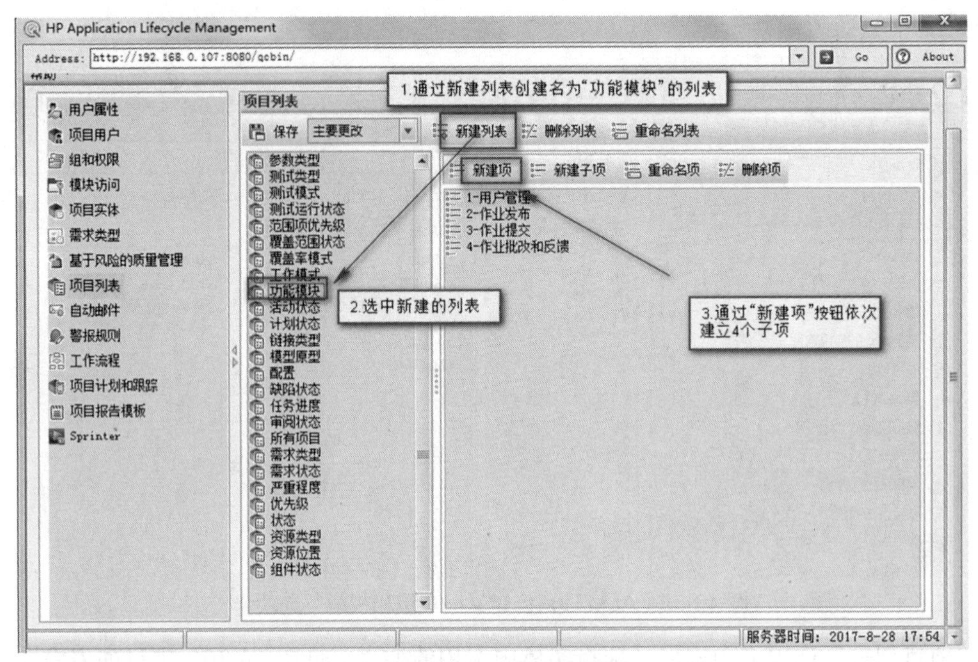

图 10-37　新建列表

新建"功能模块"列表后，需要为缺陷实体添加一个"功能模块"字段。见图 10-38，选中"项目实体"，选定"用户字段"，然后通过"新建字段"按钮建立一个新字段，在新建字段中填写新字段的标签、类型，并引用新创建的"功能模块"列表。

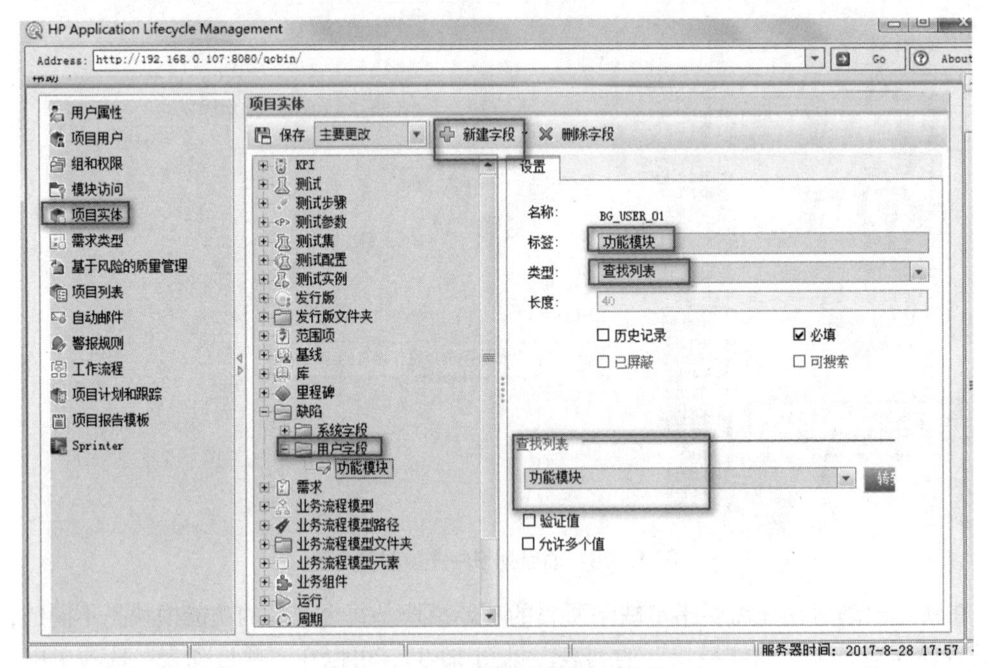

图 10-38　为缺陷实体增加新字段

为缺陷实体增加新字段后，在新建缺陷时，新增加了一个必填的"功能模块"字段，该字段有 4 个选项可以选择，见图 10-39。

图 10-39　增加新字段后的新建缺陷窗口

10.2.6　实训二 ALM 安装和配置

1. 实训目标

正确安装并配置 ALM。

2. 实训完成标准

- SQL Server 2008 数据库服务器能正常登录。
- 能够用账号和密码登录 ALM 站点管理页面。
- 能在客户端通过 ALM 浏览器访问服务器。

3. 实训任务和步骤

任务一：SQL Server 2008 数据库服务器安装

ALM 的数据库软件可以使用 SQL Server，也可以使用 Oracle。考虑到前驱课程学习过 SQL Server，故选择使用 SQL Server。

- 根据向导安装 SQL Server 2008（见图 10-40）。

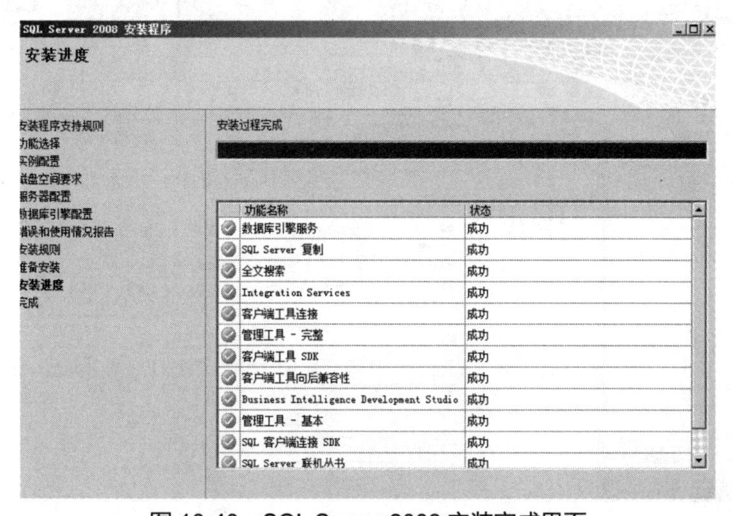

图 10-40　SQL Server 2008 安装完成界面

- 验证能否登录到数据库服务器。

任务二：安装 ALM 服务器端

根据安装向导安装 ALM 服务器。

任务三：配置 ALM 服务器端

- 配置 ALM 服务器。
- 验证是否可以正确登录服务器 Web 站点管理页面。

任务四：安装 ALM 客户端

- 安装 ALM 客户端。
- 根据服务器 IP 地址和端口号访问服务器。

10.3 ALM 测试需求管理

用户可以借助 ALM 的需求管理模块对测试需求进行管理和跟踪。一般，测试团队需要先进行测试需求的分析，然后将测试需求输入到 ALM 系统中，这里参考第 11 章中在线课程作业管理系统的测试需求，用 ALM 来管理。

10.3.1 创建需求

要管理需求，首先要创建需求。创建需求的步骤如下。

① 用测试经理账号登录到 ALM。

② 选择需求模块中的需求。

③ 选中需求需要添加的位置，这里选择 Requirements。

④ 填写需求的信息。

⑤ 单击“提交”按钮。

创建需求见图 10-41。

图 10-41 创建需求

根据需求分析的结果，依次将所有需求添加到需求列表中，见图 10-42。当被测系统规模比较大时，并不是测试经理一个人负责输入所有的需求，测试经理输入一级需求划分的结果。在图 10-42 中，测试经理 wangli 输入了功能测试以及功能测试模块、性能测试和兼容性测试。具体负责各个测试项的测试工程师再输入更细致的需求划分。

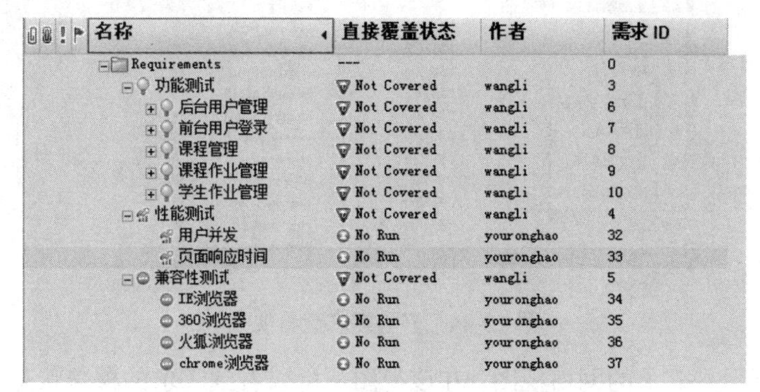

图 10-42　被测系统所有需求添加后的需求树

10.3.2　需求的维护

创建后的需求可以进行查看、复制、重命名、修改、删除、改变位置等操作。要进行需求的维护，可以选中一个需求后右击，在弹出的右键菜单中选择相应的操作，或者在工具栏上找到相应的操作，见图 10-43。

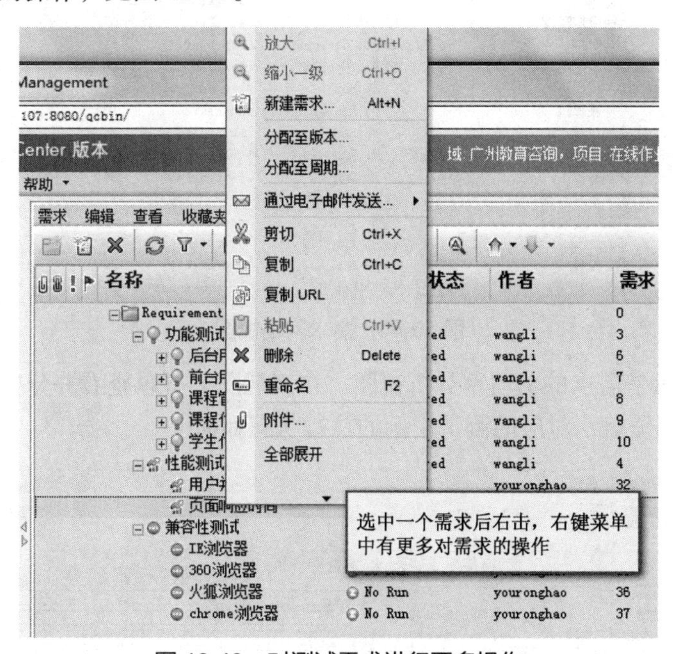

图 10-43　对测试需求进行更多操作

10.3.3　用不同视图浏览需求

ALM 的需求管理模块有多种查看视图（见图 10-44），比如需求树、需求网格等。每种视图显示内容的方式不同。

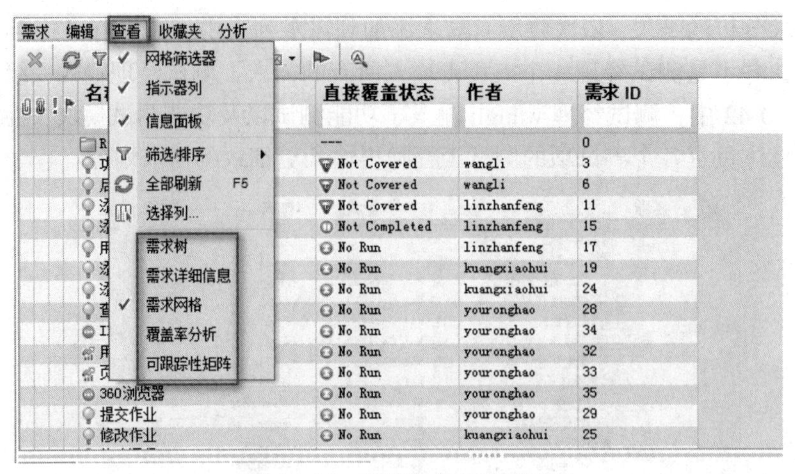

图 10-44　多种需求查看视图

图 10-45 所示是需求的网格视图。在该视图下可以看到需求的覆盖状态、需求的作者、ID 等信息。

名称	直接覆盖状态	作者	需求 ID
Requirements	---		0
功能测试	Not Covered	wangli	3
后台用户管理	Not Covered	wangli	6
添加用户	Not Covered	linzhanfeng	11
添加单个用户	Not Completed	linzhanfeng	15
用户登录	No Run	linzhanfeng	17
添加课程	No Run	kuangxiaohui	19
添加作业	No Run	kuangxiaohui	24
查看作业	No Run	youronghao	28
IE浏览器	No Run	youronghao	34
用户并发	No Run	youronghao	32
页面响应时间	No Run	youronghao	33
360浏览器	No Run	youronghao	35
提交作业	No Run	youronghao	29
修改作业	No Run	kuangxiaohui	25

图 10-45　需求网格视图

图 10-46 所示是需求的覆盖率分析视图。在该视图下可以查看并分析每个测试需求是否已经被测试用例覆盖，对应的测试用例的执行状态如何。

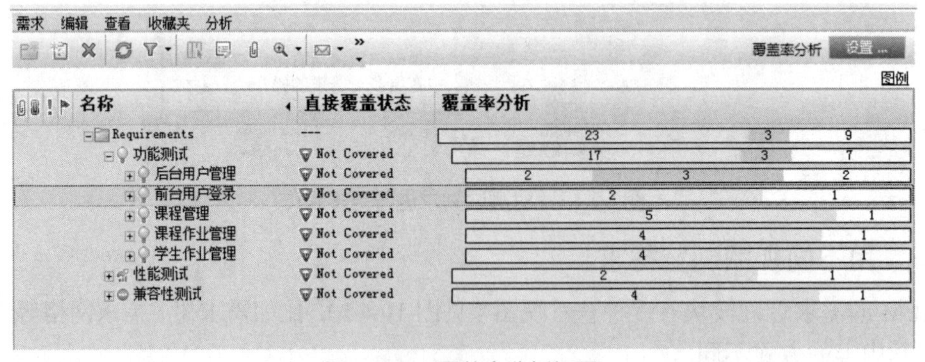

图 10-46　覆盖率分析视图

10.3.4　需求分析

测试需求整理完后，ALM 能够产生各种不同的报告和图表来帮助用户分析需求。在需求页面选择菜单栏的“分析”菜单，可以看到“报告”和“图”两种需求分析方式。选择“报告”或者“图”命令，各自又有多种方法。生成的报告或图表可以保存起来以备使用。

图 10-47 所示是需求分析菜单中以报告形式分析的相关方法。

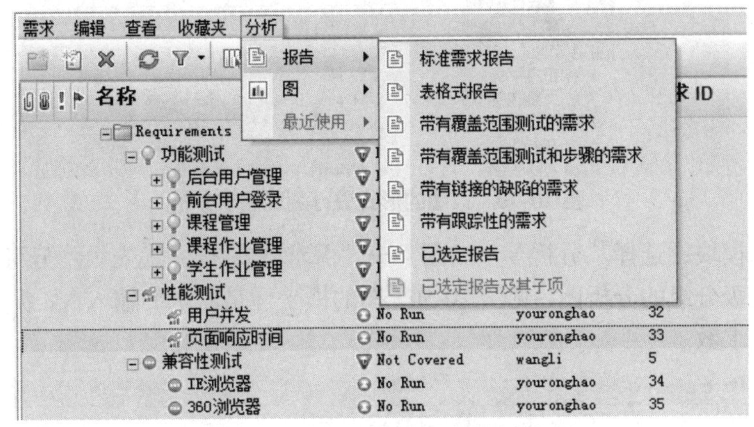

图 10-47　以报告形式进行测试需求分析

打开需求模块，选择“分析”→“报告”→“标准需求报告”菜单命令，弹出标准的报告格式，见图 10-48。在该页面可以浏览报告，也可以保存报告。

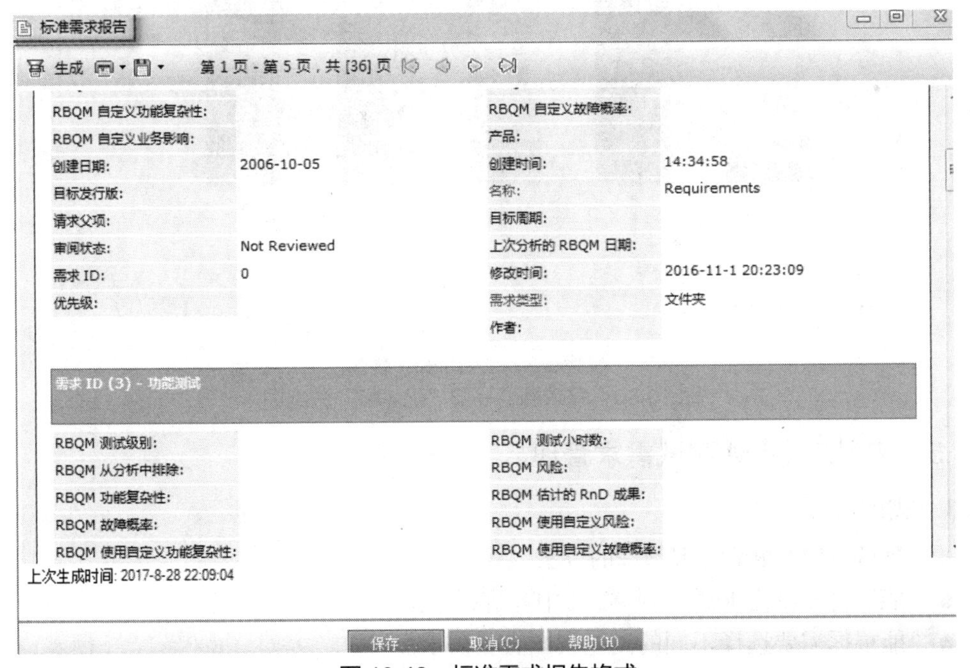

图 10-48　标准需求报告格式

图 10-49 所示是需求分析菜单中以“图”的形式分析的相关方法。

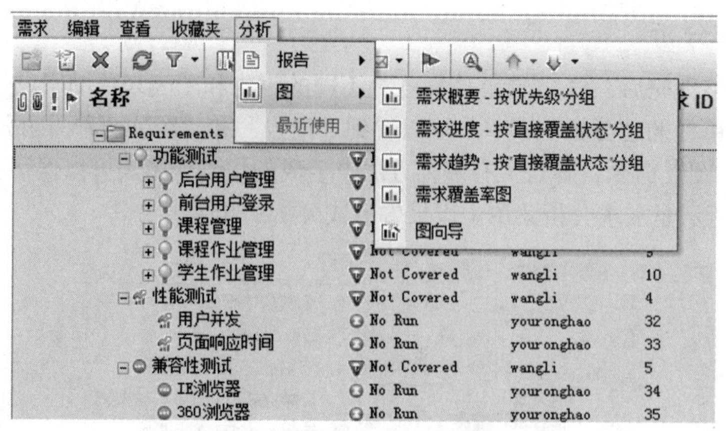

图 10-49 以图的形式进行测试需求分析

打开需求模块，选择“分析”→“图”→“需求概要-按‘优先级’分组”菜单命令，弹出按照优先级分组的分析图，见图 10-50，图的横坐标是需求的输入人，纵坐标是按照优先级分组的需求数。

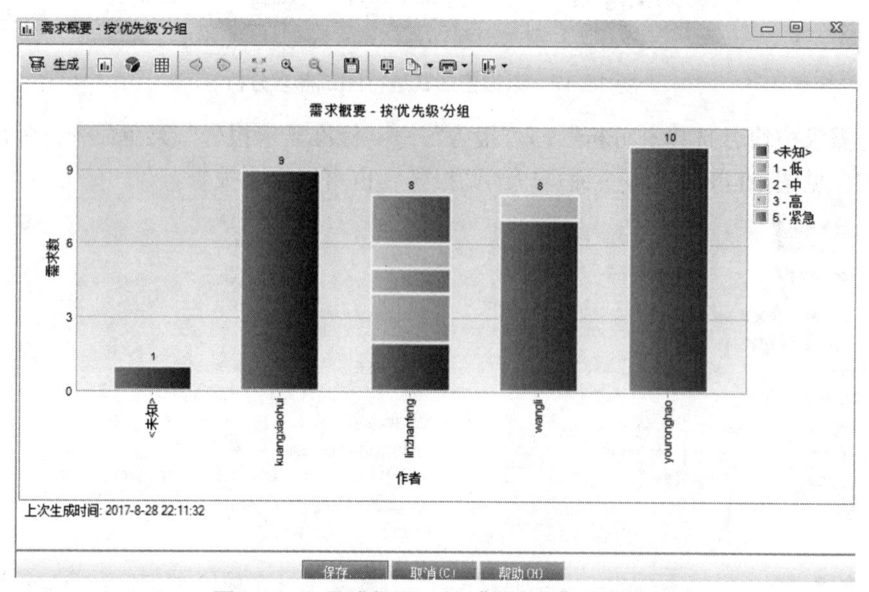

图 10-50 需求概要—按“优先级”分组图

10.3.5 实训三 ALM 测试需求管理

1. 实训目标

- 理解 ALM 测试需求管理的方法。
- 能够将测试需求添加到 ALM 中并进行维护。
- 能根据需要选择不同的浏览视图查看需求。
- 能根据需要选择不同的报告或图表对需求进行分析。

2. 实训完成标准

将测试项目的所有测试需求添加到 ALM 需求管理模块进行管理。

3. 实训任务和步骤

任务一：为项目添加需求

将被测对象的需求添加到 ALM 需求管理模块，并根据需要进行组织和管理。

任务二：需求查看

用不同的视图查看需求。

任务三：生成需求分析报告

掌握生成测试需求分析报告和图表的方法。

10.4 ALM 测试计划管理

登录 ALM 客户端后，可以通过左侧的“测试”→“测试计划”进行测试计划管理。需要注意的是，ALM 中的测试计划并不是指测试时间、进度、人员安排，主要是指测试用例的建立和管理。

10.4.1 测试计划树的生成

由于在编写测试用例时是针对不同的测试内容组来进行的，比如功能测试、性能测试、兼容性测试等，功能测试又分成功能模块 1、功能模块 2 等，所以测试用例的组织是一个树形的结构，ALM 中称为测试计划树。测试计划树中的文件夹称为测试主题或者文件夹，测试用例称为测试。

测试计划树可以通过手工一步一步建立起来，也可以从需求直接转换过来。

1. 手动建立测试计划树

首先可以根据需要创建多个分级的文件夹（测试主题），见图 10-51，打开测试计划模块，选择一个已有文件夹，然后单击“创建文件夹”按钮，会打开“新建测试文件夹”对话框，给出文件夹的名字，单击“确定”按钮，即可创建一个文件夹。新创建的文件夹见图 10-52。

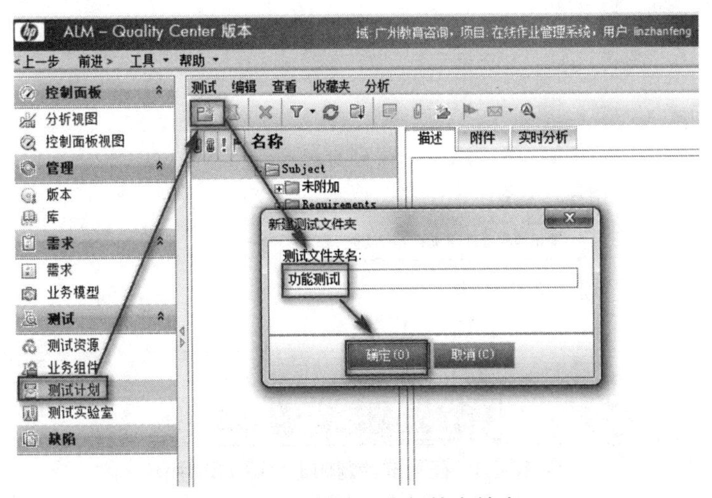

图 10-51　创建一个新的文件夹

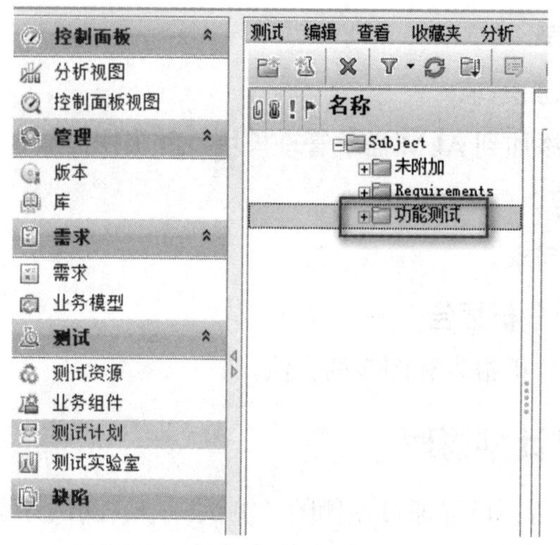

图 10-52　新创建的文件夹

文件夹创建好以后，可以在文件夹中创建测试用例，见图 10-53。选择新创建的“功能测试”文件夹，单击“新建测试”按钮，此时会弹出“新建测试”对话框，根据需要填写测试名称、类型、描述等信息，确定后即可创建一个测试用例。新创建的测试用例见图 10-54，列在“功能测试”文件夹中。

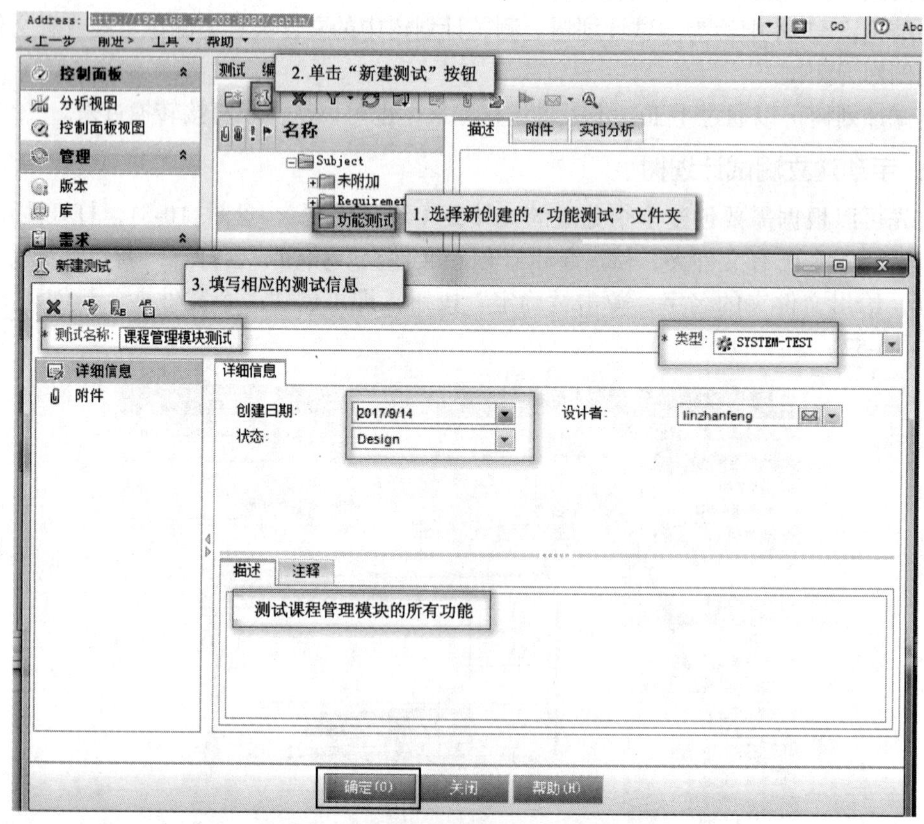

图 10-53　在测试计划树上创建测试用例

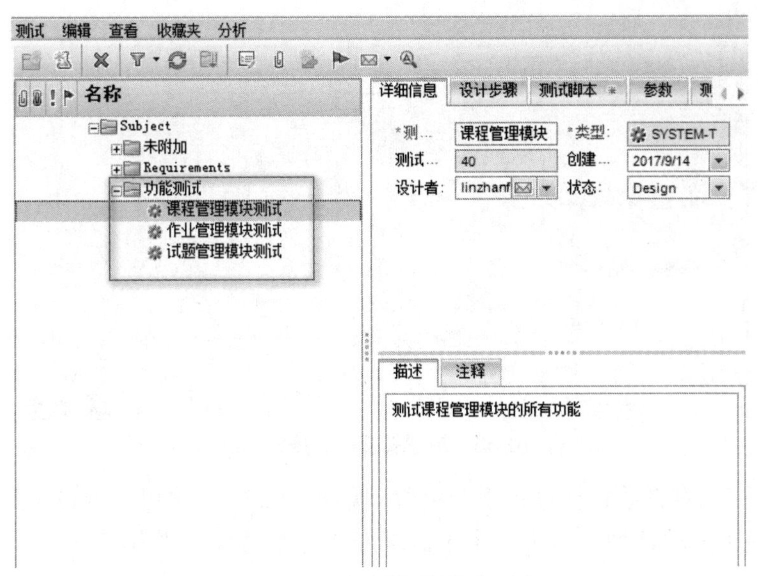

图 10-54 新创建的测试用例

2. 从测试需求生成测试计划树

每个测试用例都是与测试需求关联的，每个测试用例都测试一个或多个需求。可以用 ALM 直接将需求转换为测试用例，生成测试计划树。

ALM 需求模块有需求转换功能，该功能是将建立好的测试需求直接转化成测试计划中的测试用例，并自动关联测试用例和测试需求。

见图 10-55，先在需求模块选择要转换的需求，然后通过右键菜单或者需求菜单的“转换到测试”命令开始进行转换。

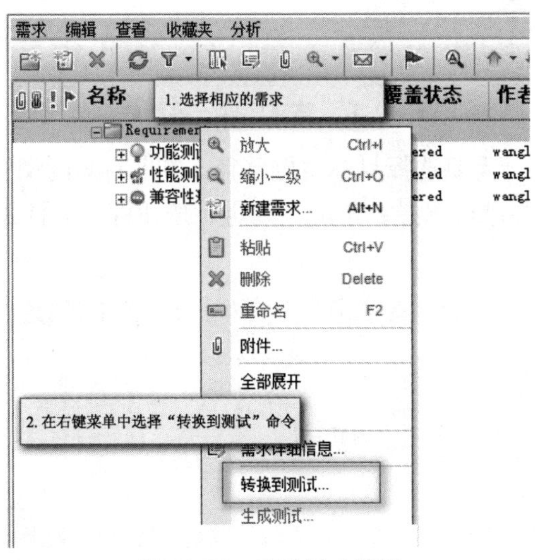

图 10-55 启动需求转换

“转换到测试”命令启动后，第一步先选择自动转换的方法，见图 10-56。系统提供了 3 种转换的方法，为了将具体的功能点直接对应一条测试用例，这里选择第二种方法，即将最底层的子要求转换为测试。

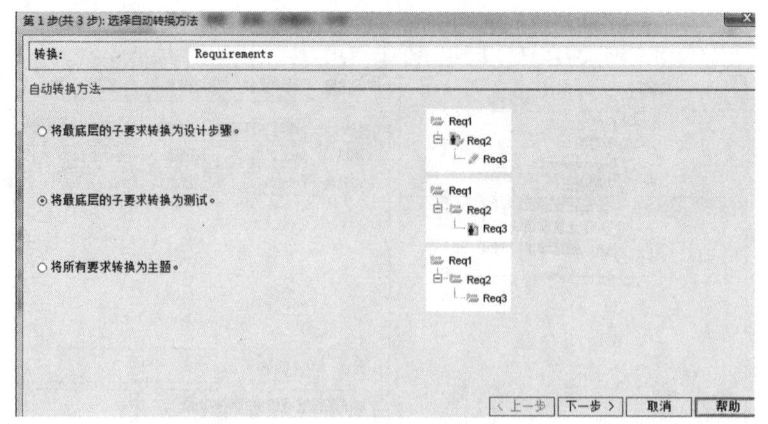

图 10-56　需求转换—转换方法选择

第二步，可以对自动转换进行手动更改，见图 10-57。用户可以通过工具栏上的命令，修改自动转换生成的计划树，将一个子需求变成主题目录，或者将一个目录变成一个测试用例。

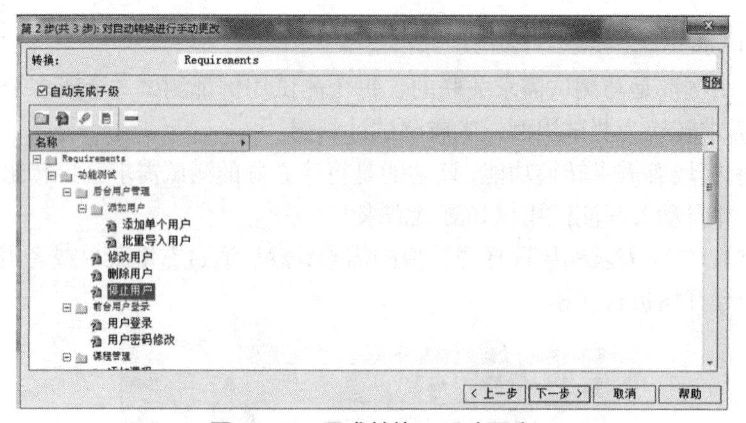

图 10-57　需求转换—手动更改

第三步，见图 10-58，需要选择目标主题路径。单击右侧的浏览按钮，会打开可以选择主题的对话框，根据需要进行选择，单击“确定”按钮即可。注意，这里的主题可以理解为文件夹。

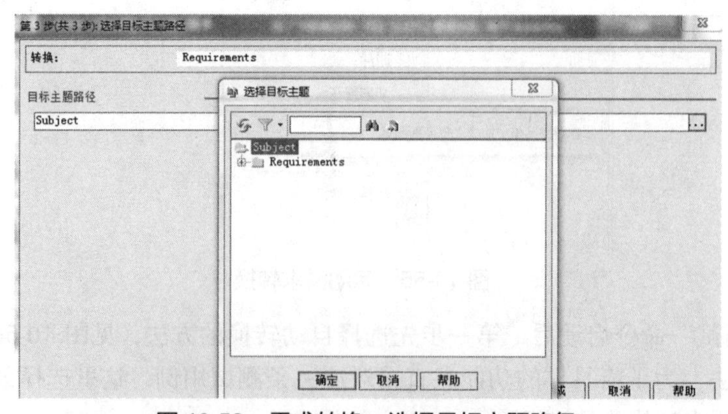

图 10-58　需求转换—选择目标主题路径

转换完成后，打开测试计划模块，可以看到由需求转换得到的测试计划树，见图 10-59。

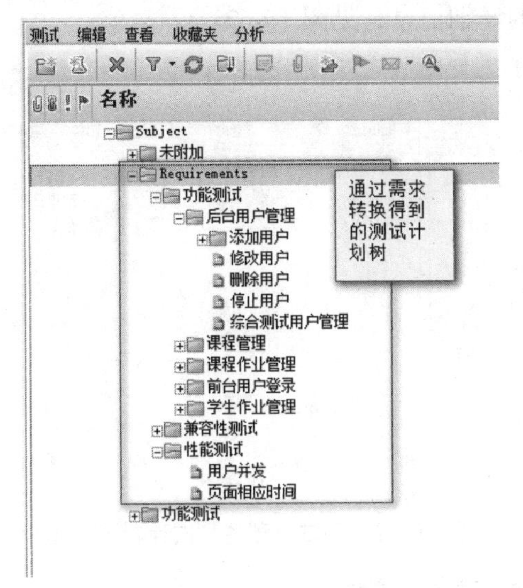

图 10-59 需求转换结果

10.4.2 通过视图查看测试计划树

ALM 测试计划模块提供了两种不同的方法来查看测试计划树，一种是测试网格视图，一种是测试计划树视图，见图 10-60。

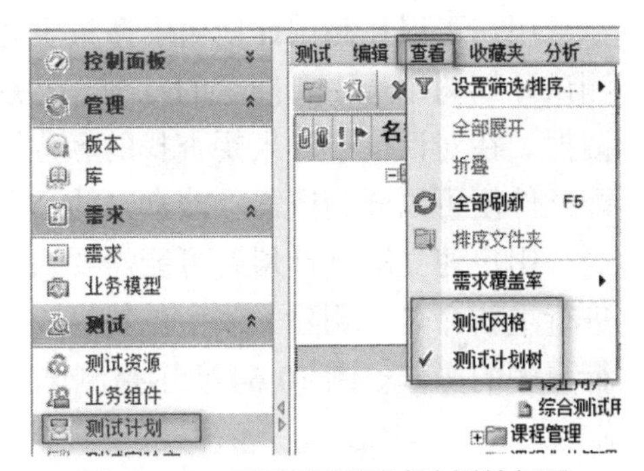

图 10-60 两种查看测试计划的视图

图 10-61 所示是测试计划的网格视图，列出了测试用例的每个字段，用户可以自己定义显示哪些字段以及字段显示的顺序。

测试 编辑 查看 收藏夹 分析

创建日期	选择列 述	设计者	估计开发…	执行状态	修改时间	路径	状态
2016/11/2	一个一个的添加…	youronghao		Passed	2016/11/2 2:2…		Design
2016/11/2		youronghao		No Run	2016/11/2 1:5…		Design
2016/11/2		youronghao		No Run	2016/11/2 1:5…		Design
2016/11/2		youronghao		No Run	2016/11/2 1:5…		Design
2016/11/2		youronghao		No Run	2016/11/2 1:5…		Design
2016/11/2		youronghao		No Run	2016/11/2 1:5…		Design
2016/11/2		youronghao		No Run	2016/11/2 1:5…		Design
2016/11/2		youronghao		No Run	2016/11/2 1:5…		Design
2016/11/2		youronghao		No Run	2016/11/2 1:5…		Design
2016/11/2		youronghao		No Run	2016/11/2 1:5…		Design
2016/11/2		youronghao		No Run	2016/11/2 1:5…		Design
2016/11/2		youronghao		No Run	2016/11/2 1:5…		Design
2016/11/2		youronghao		No Run	2016/11/2 1:5…		Design
2016/11/2		youronghao		No Run	2016/11/2 1:5…		Design
2016/11/2		youronghao		No Run	2016/11/2 1:5…		Design
2016/11/2		youronghao		No Run	2016/11/2 1:5…		Design

描述 注释 附件 历史记录

一个一个的添加用户

图 10-61 测试计划的网格视图

在测试计划的测试计划树视图中可以浏览到整个测试计划树的结构，也可以查看各个测试文件夹中测试用例的详细信息，见图 10-62。

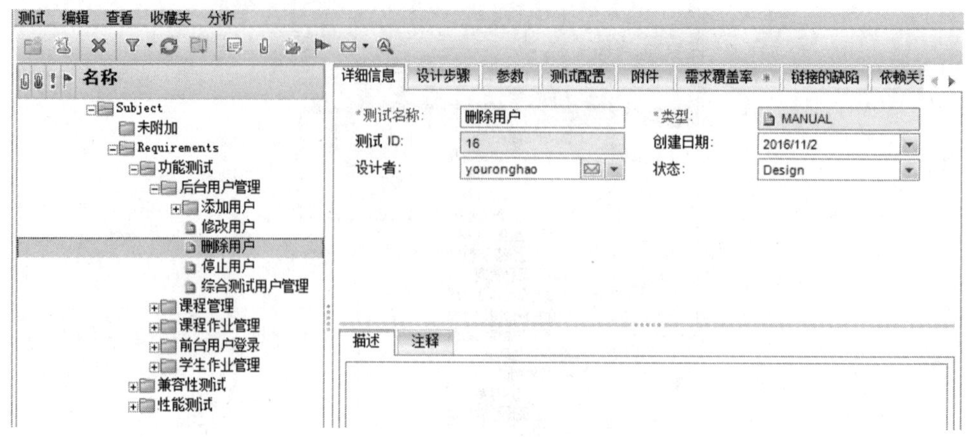

图 10-62 测试计划的测试计划树视图

10.4.3 测试计划树的查找、维护

用户可以在测试计划树中搜索主题文件夹或者测试用例，见图 10-63，搜索时需要先在测试计划树中选中要搜索的范围，然后通过“查看”→“查找”菜单命令启动“查找”对话框。在对话框中输入要查找的名称，确定搜索的对象是文件夹还是测试，再配合一些匹配条件便可以开始搜索。搜索到的结果会高亮显示。

用户建立测试计划后可能需要对测试计划树进行调整，比如对测试文件夹和测试用例进行重新命名、删除、改变位置等操作。此时，用户可以通过菜单、工具栏或右键菜单进行更多的操作。图 10-64 所示是测试文件夹右键菜单。

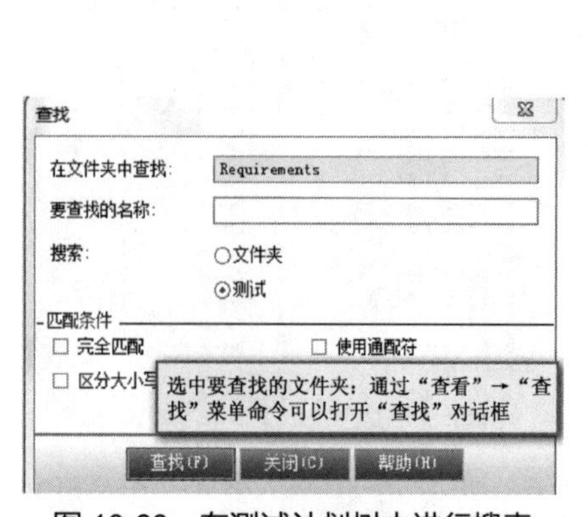

图 10-63 在测试计划树中进行搜索

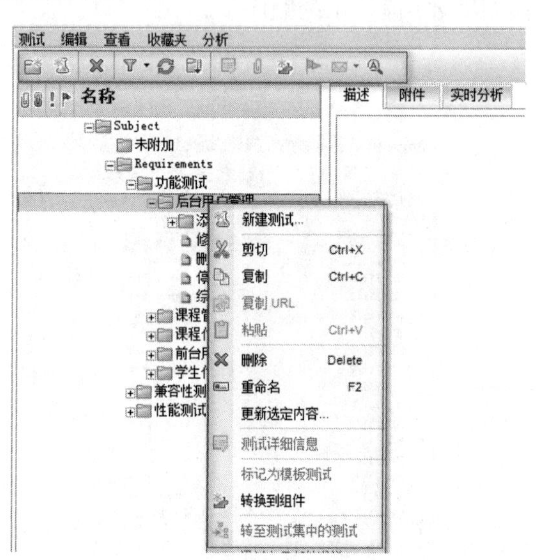

图 10-64 测试文件夹右键菜单

10.4.4 测试用例和测试需求的相互关联

测试需求模块中的测试需求和测试计划模块中的测试用例可以相互关联，实现对测试

需求的跟踪。两者关联后可以查看需求被测试用例覆盖的情况，也可以查看测试用例覆盖的测试需求。

1. 需求关联测试用例

在测试需求模块通过"查看"→"需求详细信息"菜单命令打开需求详细信息视图，选择一个需求，右侧会显示需求的详细信息，其中的"测试覆盖率"选项卡显示了关联该需求的测试用例，见图 10-65。删除课程功能目前对应的测试用例只有一个，即"删除课程"。

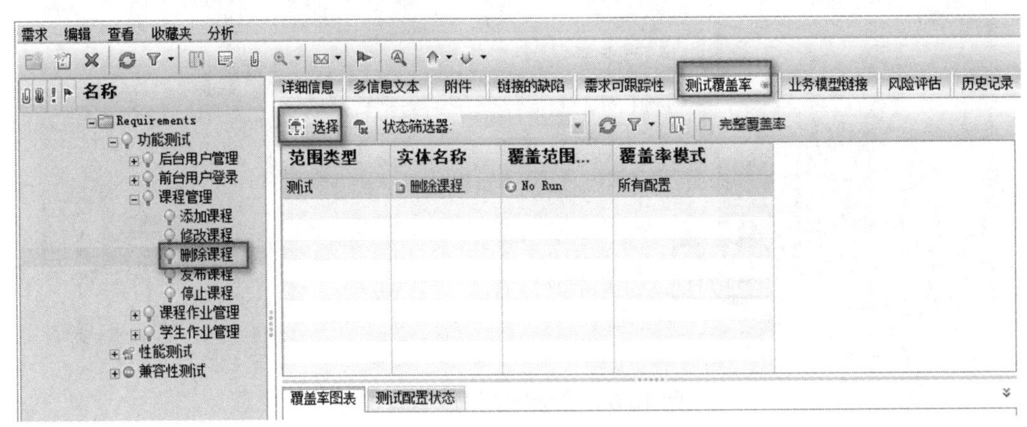

图 10-65　需求的测试用例覆盖率

如果要为该需求添加新的测试用例，按照图 10-66 所示的步骤，先通过单击"选择"按钮打开测试计划树，然后在测试计划树上选择一个测试用例，这里选择"课程管理综合测试"，然后单击向左的添加测试用例按钮，就实现了测试用例与测试需求的关联。关联新的测试用例后，其列表见图 10-67。

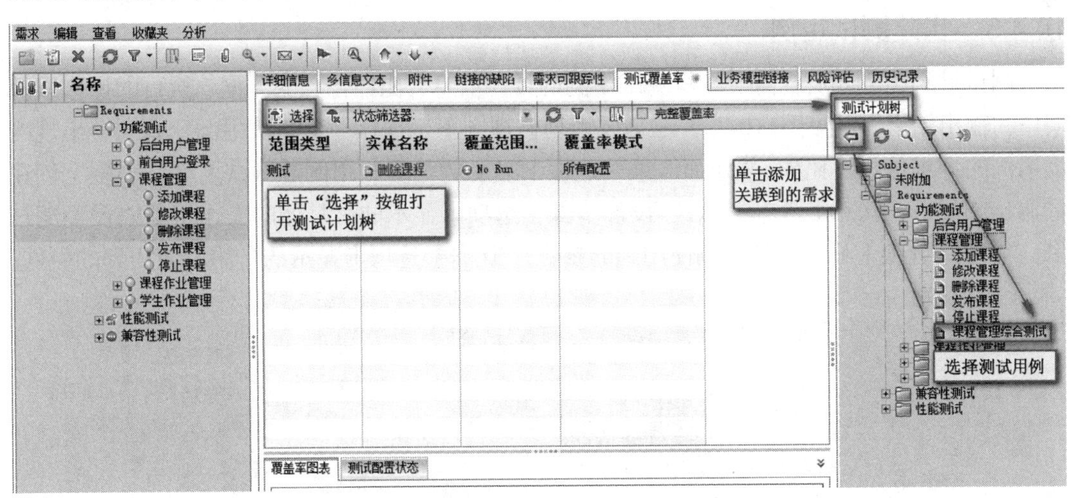

图 10-66　为需求添加新的关联测试用例

范围类型	实体名称	覆盖范围...	覆盖率模式
测试	删除课程	No Run	所有配置
测试	课程管理综…	No Run	所有配置

图 10-67　增加关联后的测试用例列表

2. 测试用例关联需求

在测试计划模块打开测试计划树视图，选中一个测试用例，右侧会显示测试用例的详细信息，其中的“需求覆盖率”选项卡显示了测试用例当前关联的测试需求。

见图 10-68，单击“选择需求”按钮可以打开需求树，选中需求树上的一个需求，然后单击向左的添加按钮，即可将需求关联到测试用例。测试用例关联的新需求见图 10-69。

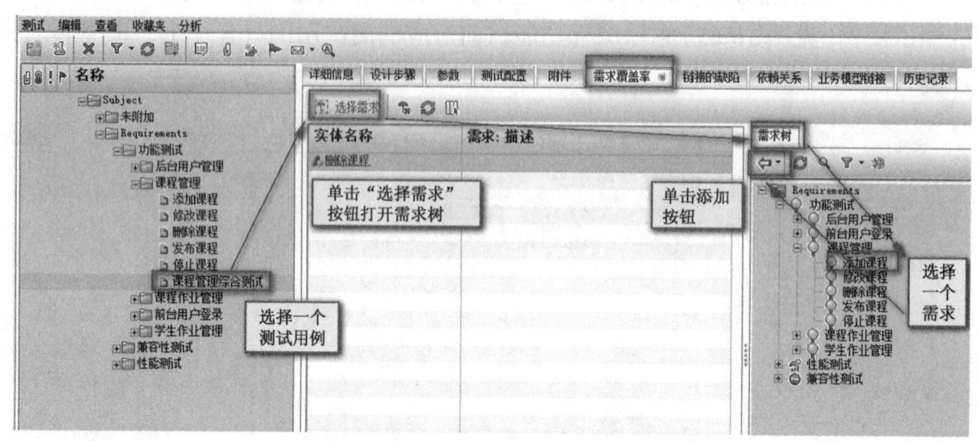

图 10-68　为测试用例关联需求

图 10-69　测试用例关联的需求

10.4.5　构建测试用例

测试计划树创建后，需要编写测试用例的具体信息，比如输入的数据、执行的操作以及期望的输出结果等。见图 10-70，在测试计划树视图下，选择一个测试用例，右侧会出现测试用例的详细信息。比如，“详细信息”选项卡显示的是测试用例的测试名称、类型、创建日期、创建者、状态等基本信息；“设计步骤”选项卡显示的是具体的操作步骤以及预期结果；“参数”选项卡显示的是用例使用到的参数；“附件”选项卡显示的是用例使用到的附件。

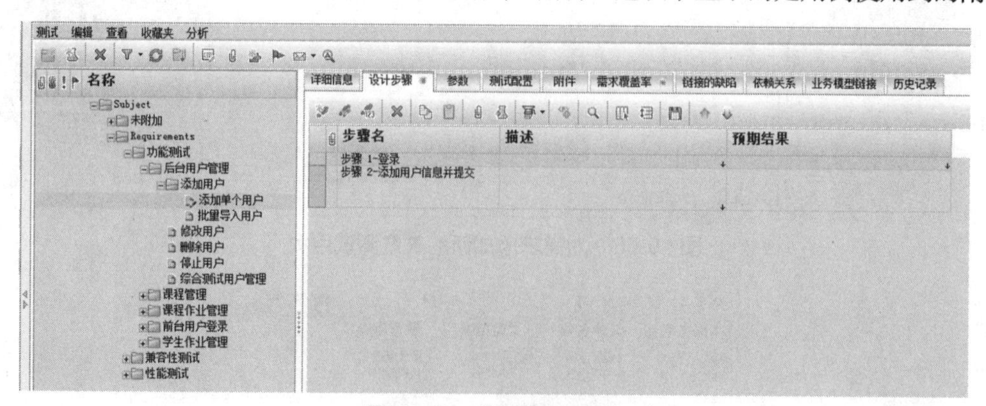

图 10-70　构建测试用例

要构建一个测试用例，主要是通过“设计步骤”选项卡进行的。见图 10-71，选择一个测试用例，打开“设计步骤”选项卡，单击工具栏上的“新建步骤”按钮，打开“设计步骤详细信息”对话框，输入步骤名称、描述、预期结果等信息，即可为测试用例添加一个测试步骤。

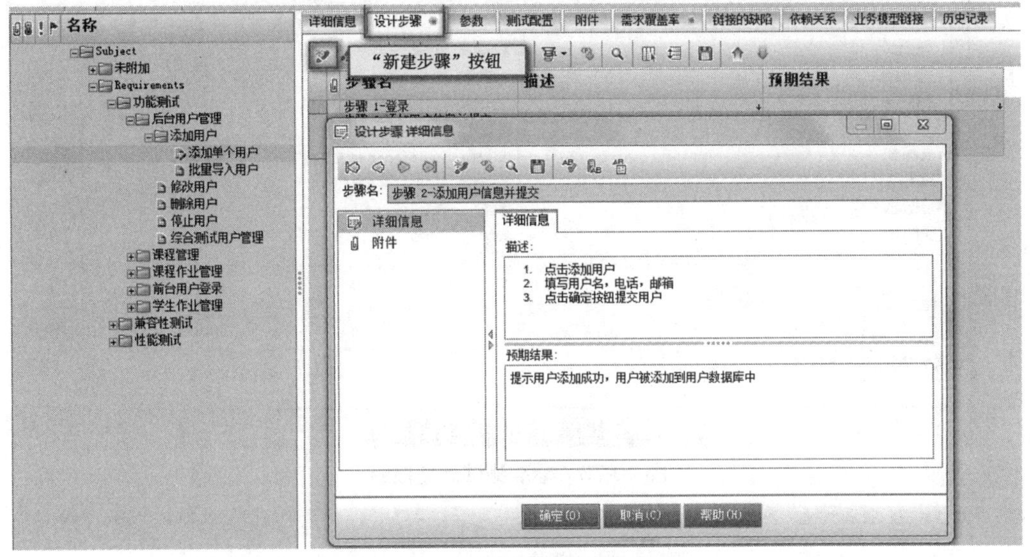

图 10-71 给测试用例添加步骤

10.4.6 分析测试计划

测试计划模块能生成详细的报告和图表来帮助用户分析测试用例。通过“分析”菜单的“报告”和“图”命令可以生成报告和图表。图 10-72 所示的是“分析”菜单。

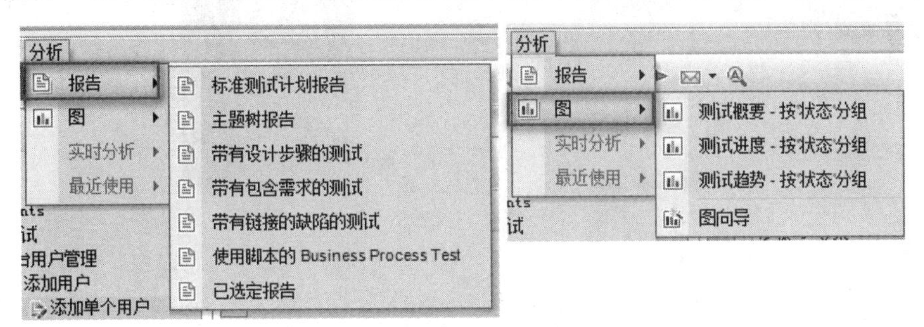

图 10-72 测试计划的“分析”菜单

选择“报告”→“标准测试计划报告”菜单命令，可以生成图 10-73 所示的报告。该报告详细列出了每个测试用例的具体信息。

选择“图表”→“测试概要-按状态分组”菜单命令可以生成图 10-74 所示的分析图。该图中的横轴是测试用例的设计者，纵轴则以不同颜色显示了当前负责的测试用例的状态。

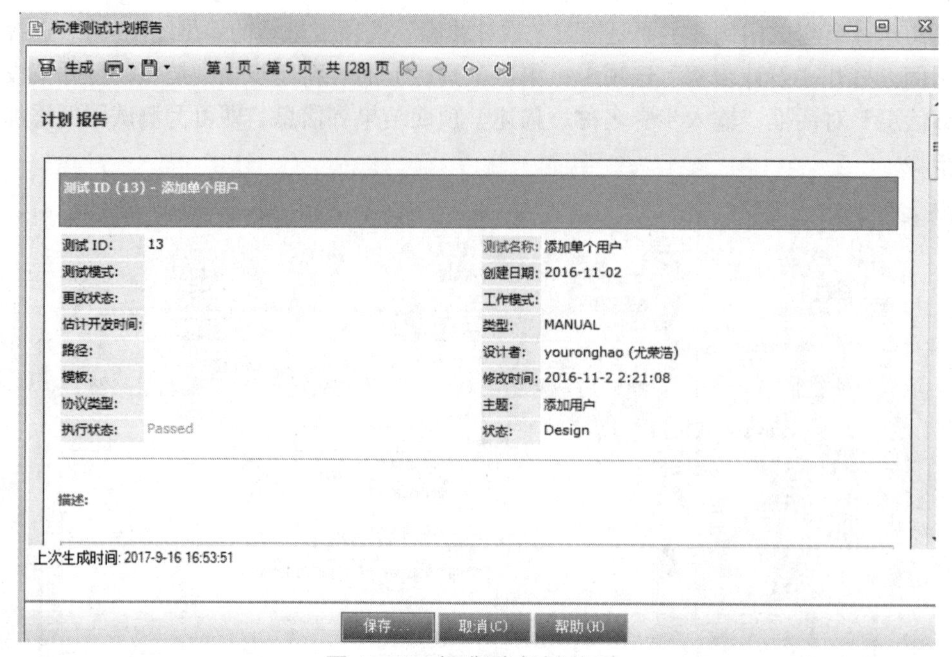

图 10-73　标准测试计划报告

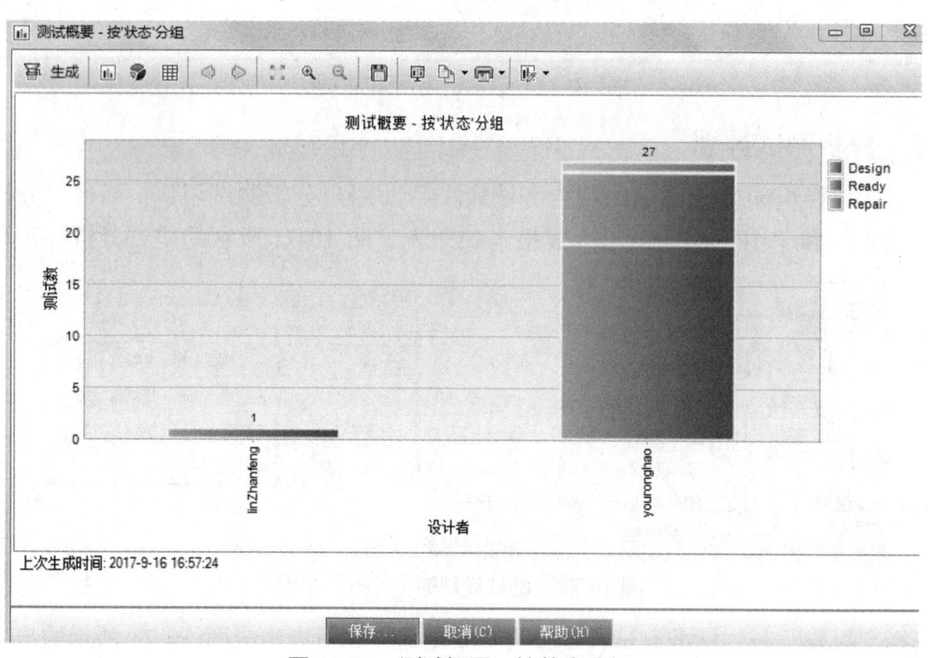

图 10-74　测试概要—按状态分组

10.4.7　实训四　测试计划（测试用例）

1. 实训目标

- 能够创建测试计划树。
- 能够为测试计划树添加测试用例。
- 能够将测试需求与测试用例关联。

2. 实训完成标准

创建项目的测试计划树，完成项目的所有测试用例。

3. 实训任务和步骤

任务一：创建测试计划树

创建项目的测试计划树。

任务二：测试用例和测试需求的关联

将测试需求和测试用例关联起来。

任务三：创建测试用例

在 ALM 中创建测试用例。

任务四：分析测试计划

掌握分析测试计划的方法，生成并定制测试报告和统计分析图表。

10.5 ALM 测试实验室

ALM 的测试实验室简单来说就是制定一个测试任务并执行，即将测试用例划分到不同的测试集，然后设置测试集的执行条件和依赖关系，并执行测试用例集。

10.5.1 测试集的创建和维护

ALM 中的“执行”概念是执行一个测试用例的集合，测试实验室管理测试的执行。首先要建立一个测试用例的集合，简称测试集。测试集也建立在一个树形结构上。打开测试实验室后，选择“测试集”选项卡，可以看到测试集的树形结构。在 ALM 中建立一个测试集需要以下 3 个步骤。

① 建立执行的测试主题文件夹（可以建立多级的文件夹）。

② 在文件夹中创建测试集（可以创建多个测试集）。

③ 为测试集添加测试用例。

要创建测试集文件夹，单击“新建文件夹”按钮后，弹出“新建测试集文件夹”对话框，输入测试集文件夹名称即可创建一个文件夹，见图 10-75。

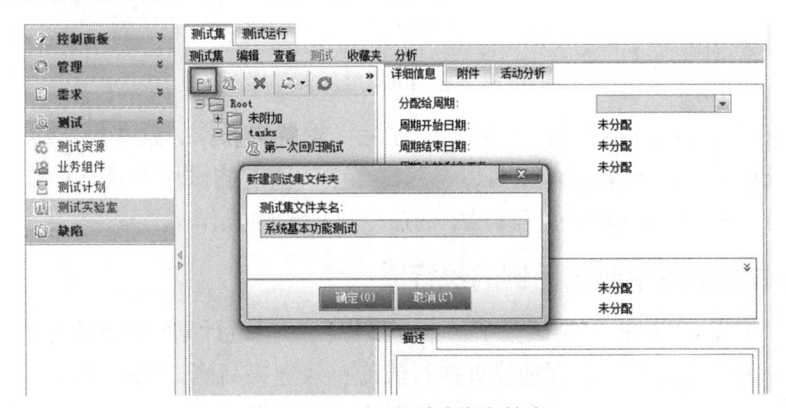

图 10-75 新建测试集文件夹

创建测试集文件夹后，在测试集的树形结构上选择文件夹，然后单击工具栏上的“新建测试集”按钮，打开新建测试集窗口，见图 10-76，填写测试集的名称、类型、打开日期、关闭日期等基本信息，确定后即可创建一个测试集。

图 10-76　新建测试集

新建测试集文件夹以及测试集后，选择树形结构上的“用户管理”测试集，右侧出现测试集的相关设置选项卡，选择“执行网格”选项卡，单击工具栏中的“选择测试”按钮打开测试计划树，可以选择测试计划树的测试用例，然后单击添加按钮将测试用例添加到测试集中，见图 10-77。

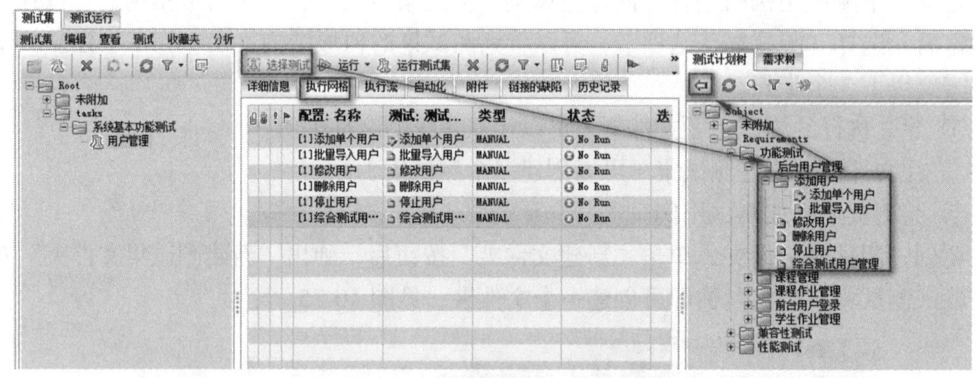

图 10-77　为测试集添加测试用例

测试集创建后可以进行复制、重命名、删除、重置等操作，这些操作命令集中在“编辑”菜单和右键菜单中。重置测试集可以将测试集中的所有测试用例状态重置为“No Run”。测试集中的测试用例也可以通过工具栏中的命令进行删除操作。

10.5.2　设置测试集中测试用例的执行流

测试集建立后，可以设置测试集中各个测试用例的运行计划，包括执行的条件和时间，这在 ALM 中称为执行流。合理地设置执行流能有效地提高测试执行效率，比如添加一个用户后，可以在这条数据的基础上执行修改用户、停止用户、启动用户、删除用户操作。

如果添加用户后接着执行删除用户操作，此时没有了用户数据，如果需要执行修改用户用例操作，必须先添加一个用户。

通过测试用例的“执行流”选项卡可以查看当前的执行流程。为测试集添加测试用例后，默认情况下，所有的测试用例相互独立，没有时间和顺序关系，见图10-78。

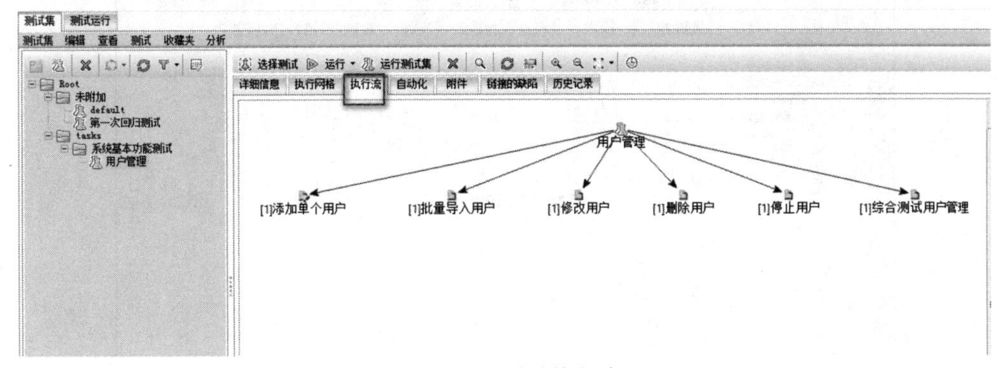

图10-78 默认执行流

为了提高测试用例的执行效率，将修改用户的执行条件设置为添加单个用户测试用例后执行通过。在执行流图中选择修改用户测试用例后右击，在右键菜单中选择“测试运行计划”命令，弹出运行计划窗口（见图10-79），在该窗口的“执行条件”选项卡中单击“添加执行条件”按钮，弹出“新建执行条件”对话框，可以在该对话框中输入执行条件，确定后即可为该测试用例成功添加一个执行条件，见图10-80。

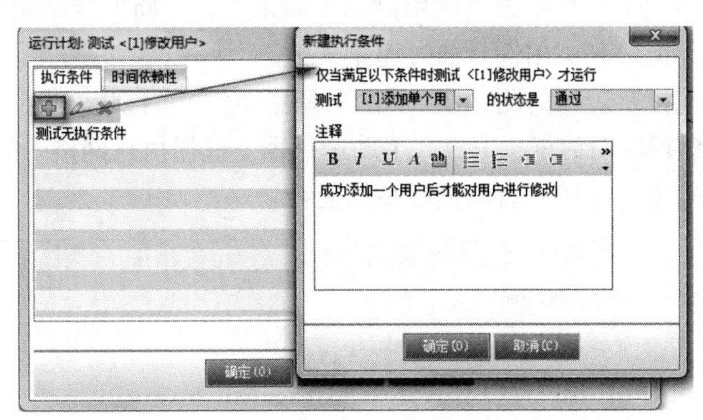

图10-79 新建执行条件

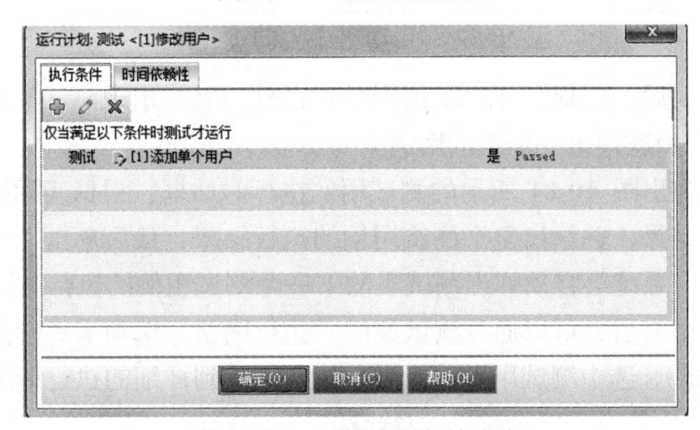

图10-80 添加执行条件成功

按照同样的方法，将删除用户的执行条件设置为添加单个用户用例后执行通过，将停止用户用例的执行条件设置为修改用户用例后执行结束。此时，测试集的执行流见图 10-81。

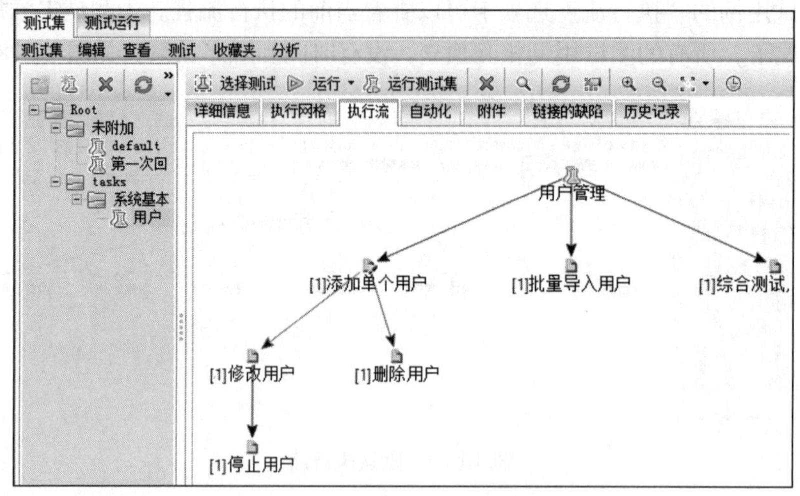

图 10-81　修改后的测试集执行流

10.5.3　执行测试用例，记录测试结果

测试用例的执行流设定好以后，就可以根据执行流来执行测试用例。测试用例有手工执行测试用例和自动化执行测试用例，这里只介绍手工执行测试用例。

手工执行测试用例主要是根据测试用例的步骤来执行，将实际结果与预期结果进行比较，根据比较结果标记出测试用例是通过还是失败。

在测试集树上选择要运行的测试集，单击工具栏中的“运行测试集”按钮，弹出图 10-82 所示的“手动测试运行”对话框，选择“手动运行器（根据执行网格中的顺序运行）”单选按钮，然后单击“确定”按钮，启动测试集的运行。

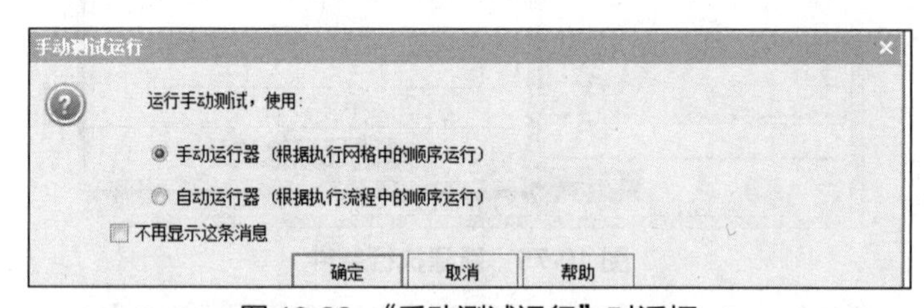

图 10-82　“手动测试运行”对话框

测试集运行启动后，出现图 10-83 所示的对话框，其中出现测试集的基本信息，单击“开始运行”按钮开始运行第一个测试用例。

开始运行后，弹出图 10-84 所示的测试用例执行对话框，根据实际执行情况给出测试用例每一步的测试结果，并给出整个测试用例的执行结果，最后单击“结束”按钮结束整个测试用例的执行，系统会自动弹出测试集的下一个测试用例的执行对话框。

测试用例执行结束后，可以通过测试集的“执行网格”选项卡查看测试用例的具体执行结果（见图 10-85）。选中测试用例后，可以在底部看到详细的执行情况。

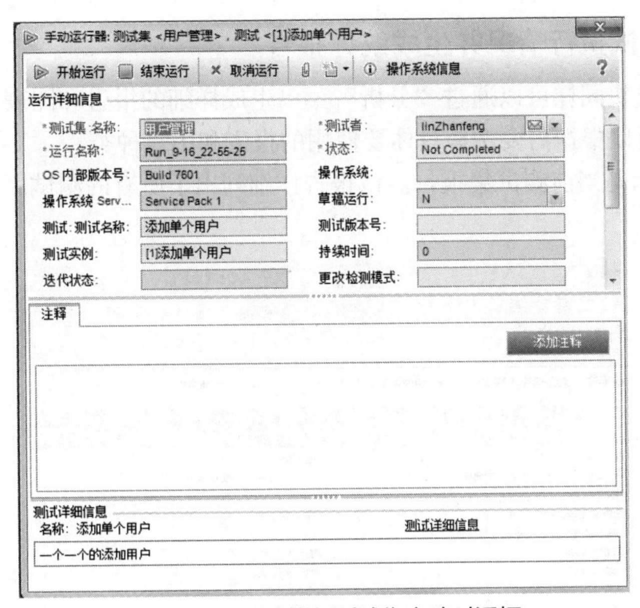

图 10-83　手动执行测试集启动对话框

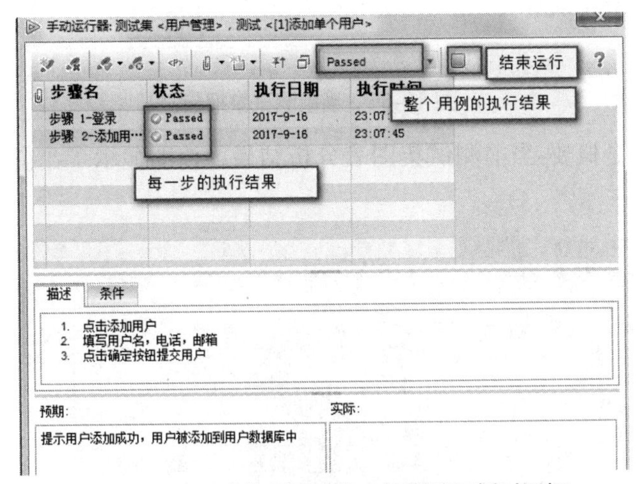

图 10-84　手动执行测试集中的测试用例对话框

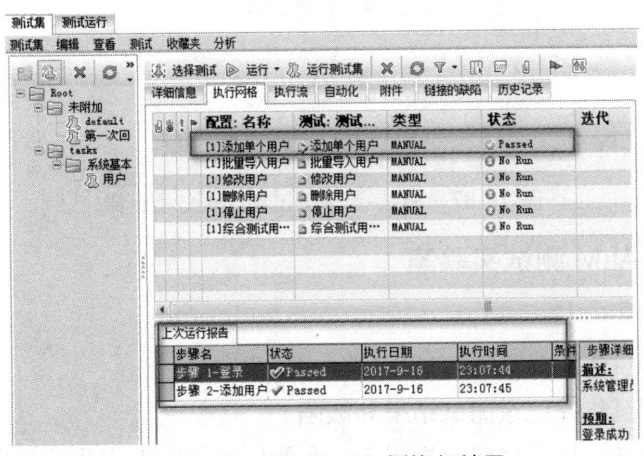

图 10-85　查看测试用例执行结果

10.5.4 分析测试执行情况并生成统计报告

测试实验室模块同样可以通过“分析”菜单生成详细的报告和图表来分析测试用例的执行结果，用户可以根据需要选择具体要使用的报告和图表种类。

图 10-86 所示是当前测试集报告。该报告详细列出了所有的测试用例以及测试用例的执行情况。

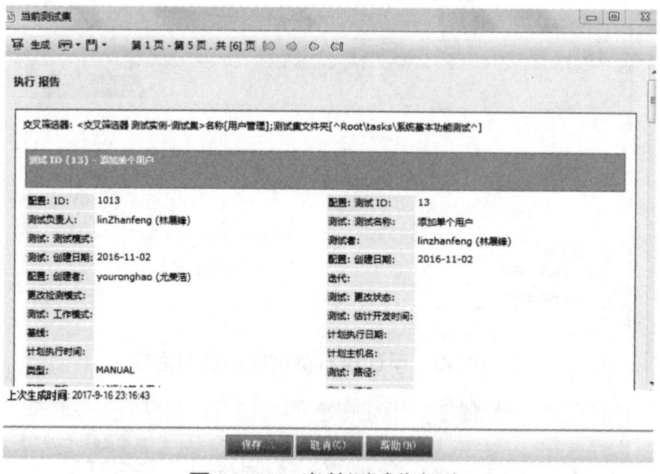

图 10-86 当前测试集报告

图 10-87 所示是概要-当前测试集图表分析结果，该图显示了当前测试用例集的状态情况。

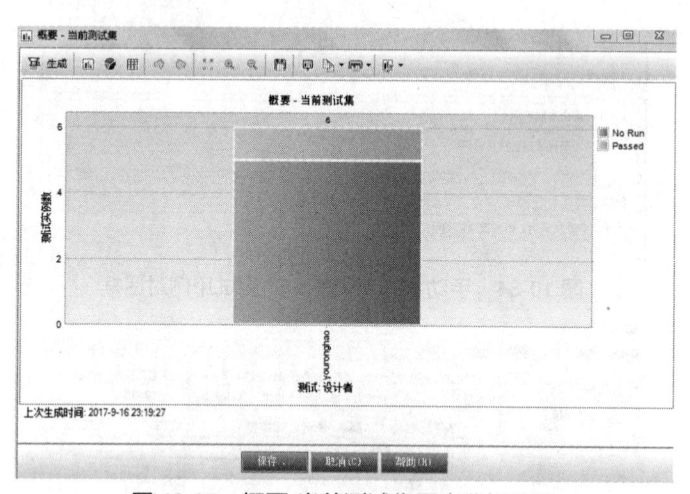

图 10-87 概要-当前测试集图表分析结果

10.5.5 实训五 ALM 测试实验室

1. 实训目标

① 能够创建测试集，并添加测试用例到测试集。

② 能够执行测试集并记录测试结果和缺陷。

③ 能够查看测试结果并生成分析报告，在测试报告中引用测试结果。

2. 实训完成标准

用 ALM 完成测试用例的执行。

3. 实训任务和步骤

任务一：创建测试集

根据项目需要，为项目创建测试集。

任务二：设置测试集的执行时间、条件和流程

分析项目中测试用例之间执行的依赖关系，设置测试用例执行的流程。

任务三：执行测试用例，记录测试结果

执行测试集并记录测试结果。

任务四：分析测试执行情况并生成统计报告

根据需要生成测试执行的分析报告和图表。

10.6 ALM 缺陷管理

软件测试过程中，如果发现软件表现与预期不一致，则需要记录缺陷。ALM 用缺陷模块来管理发现的缺陷并对缺陷进行分析。

10.6.1 添加新的缺陷以及缺陷浏览

ALM 中有多个添加缺陷的入口，可以通过 ALM 主菜单的“工具”菜单添加缺陷，见图 10-88；也可以通过测试实验室中测试用例执行对话框添加一个新缺陷，见图 10-89；还可以通过缺陷模块的工具栏添加一个缺陷，见图 10-90。

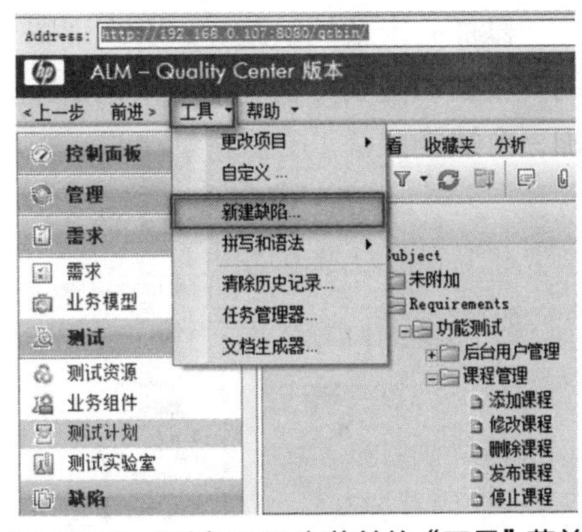

图 10-88 通过 ALM 主菜单的“工具”菜单添加缺陷

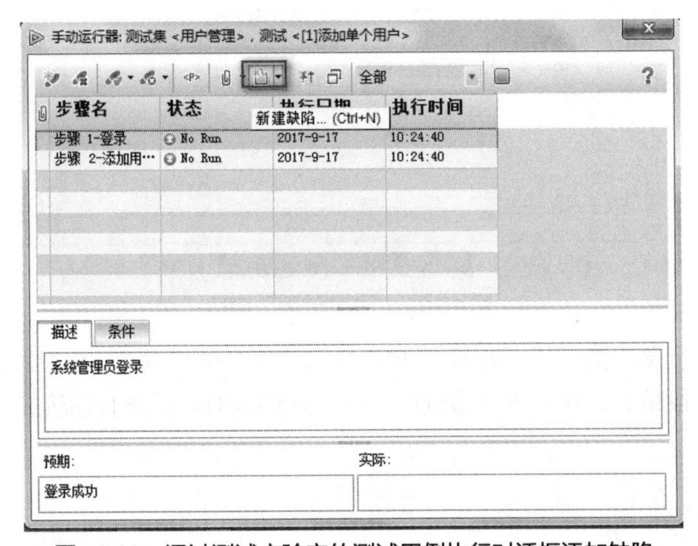

图 10-89 通过测试实验室的测试用例执行对话框添加缺陷

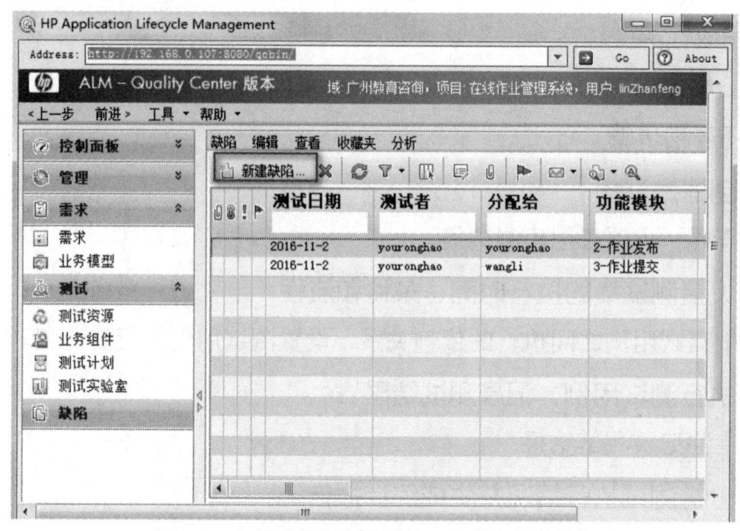

图 10-90　通过缺陷模块的工具栏添加缺陷

添加一个新的缺陷时，会出现图 10-91 所示的“新建缺陷”窗口，星号部分为必填项，用户根据缺陷实际情况输入缺陷后单击“提交”按钮即可关闭“新建缺陷”窗口，成功添加一个缺陷。

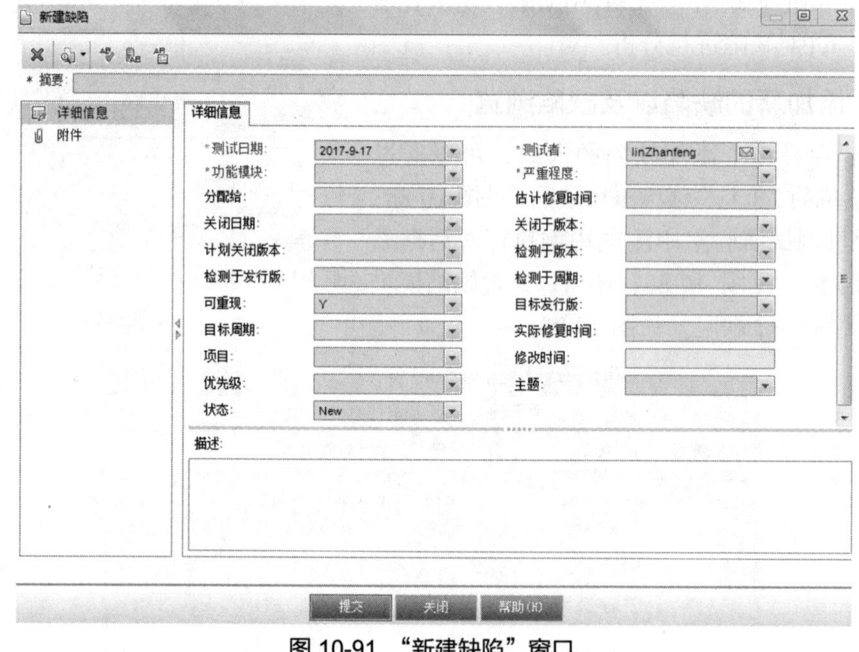

图 10-91　“新建缺陷”窗口

添加缺陷后浏览缺陷模块，见图 10-92。缺陷模块是网格视图，该视图显示了所有的缺陷以及缺陷的字段信息，用户可以通过第一行的筛选框对缺陷进行筛选显示。

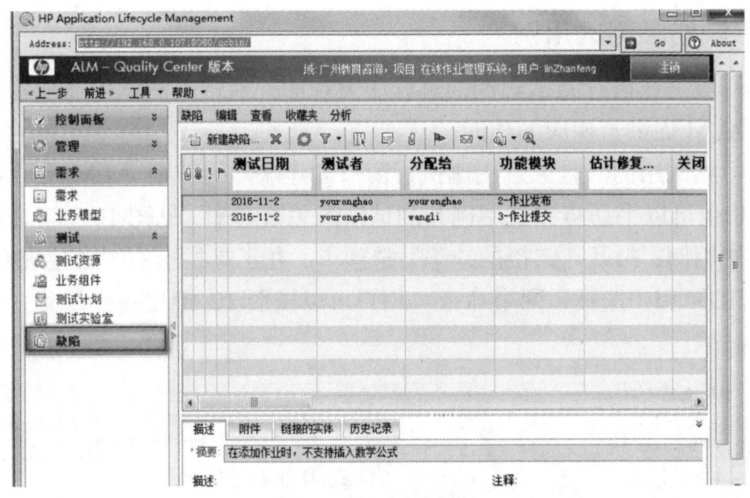

图 10-92 缺陷模块

不同的测试人员可能会发现同一个缺陷，为了避免输入重复的缺陷到缺陷库中，输入缺陷之前可以用“查找类似缺陷”功能搜索是否有相似缺陷。人们可以通过缺陷模块工具栏或者“新建缺陷”窗口工具栏的“查找类似缺陷”按钮来查找。查找有两种方式：“查找类似缺陷”和“查找类似文本”。

查找类似缺陷是用项目中的所有缺陷与选中的缺陷进行对比，查找是否存在重复或相似缺陷；查找类似文本是用一个文本信息与项目中的所有缺陷相匹配，查找是否存在重复或相似缺陷。

10.6.2 修改缺陷

如果需要修改缺陷，则可以在缺陷模块中双击缺陷，打开“缺陷 详细信息”窗口，用户可以修改有权限修改的字段，见图 10-93。

图 10-93 修改缺陷

10.6.3 关联缺陷和测试用例

测试缺陷一般是在执行测试用例的过程中发现的，通常，测试中需要将测试用例与缺陷关联起来，ALM 提供了相应的功能。

如果在执行测试用例时是通过用例执行窗口创建缺陷的，则 ALM 会自动关联测试用例和缺陷。用户也可以手动将测试用例和测试缺陷关联起来，见图 10-94。在测试计划模块中选择一个测试用例，打开“链接的缺陷”选项卡，在工具栏上有“链接现有缺陷”菜单，该菜单有“按 ID”和“选择”两个命令，用户可以按照 ID 链接一个缺陷，或者通过“选择”链接一个缺陷。

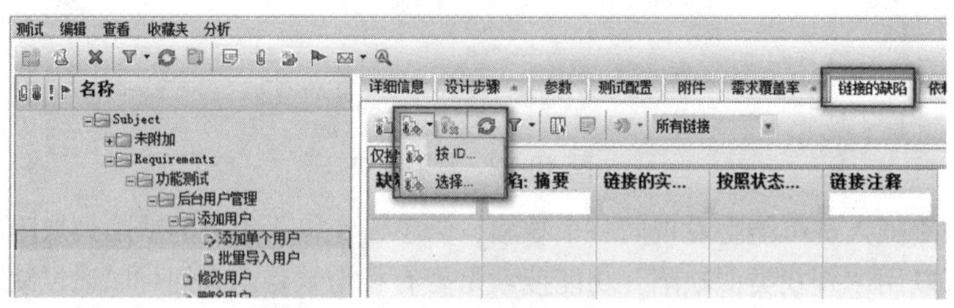

图 10-94 给测试用例链接现有缺陷

当通过“选择”链接一个缺陷时，会弹出图 10-95 所示的“要链接的缺陷”窗口。在该窗口中选择一个缺陷，单击“链接”按钮即可将选中的缺陷链接到测试用例。测试用例链接缺陷后，可以通过测试用例的“链接的缺陷”选项卡看到该测试用例链接的缺陷。

图 10-95 用选择的方式给测试用例链接缺陷

测试用例和测试缺陷之间是相互关联的关系。将测试用例和测试缺陷关联后，在测试缺陷模块通过双击一个缺陷打开“缺陷 详细信息”窗口，通过“链接的实体”中的“其他”选项卡可以看到测试缺陷链接的测试用例（见图 10-96）。

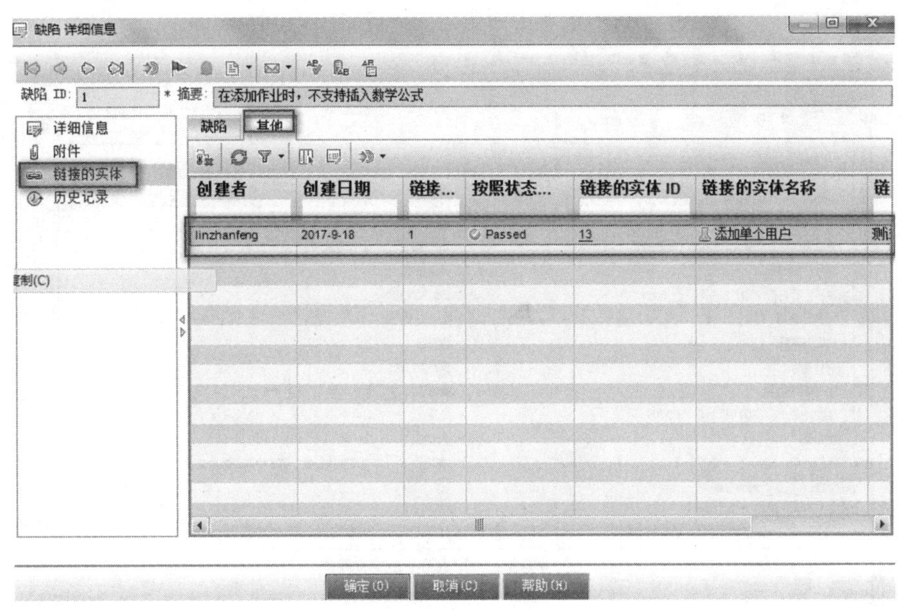

图 10-96 查看与缺陷关联的测试用例

由于测试用例是关联到测试需求的，测试缺陷是关联到测试用例的，因此就建立了测试需求与测试缺陷之间的关联。通过需求管理模块，打开需求相应的信息窗口，通过“链接的缺陷”可以看到与该需求所有相关的缺陷（见图 10-97）。

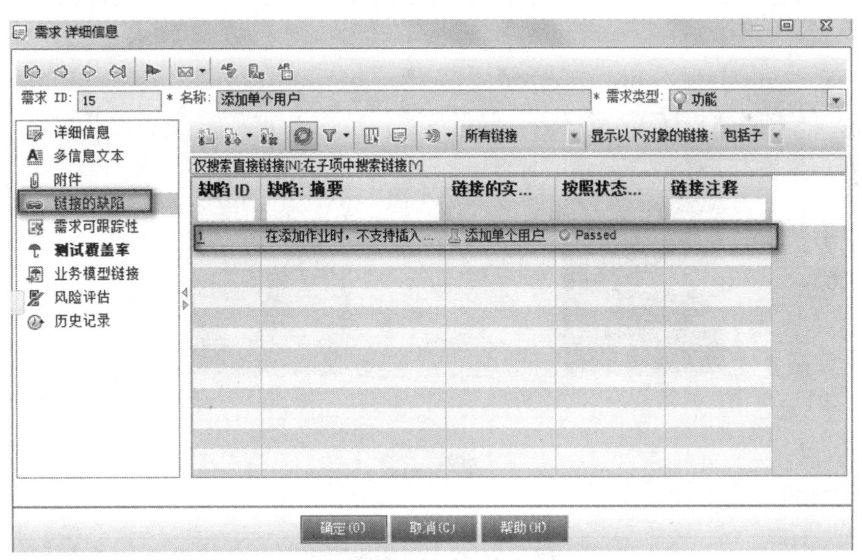

图 10-97 查看与需求相关的缺陷

10.6.4 分析缺陷并生成统计报告

缺陷管理时，同样可以通过各种报告和图表对缺陷进行分析。生成报告和图表主要通过缺陷管理的“分析”菜单。

图 10-98 所示是通过报告菜单生成的标准缺陷报告。该报告详细地列出了每个缺陷的具体信息。

图 10-98　标准缺陷报告

图 10-99 所示是通过图表菜单生成的缺陷概要—按“状态”分组图表。该图表横向为缺陷报告人，纵向为缺陷的状态。

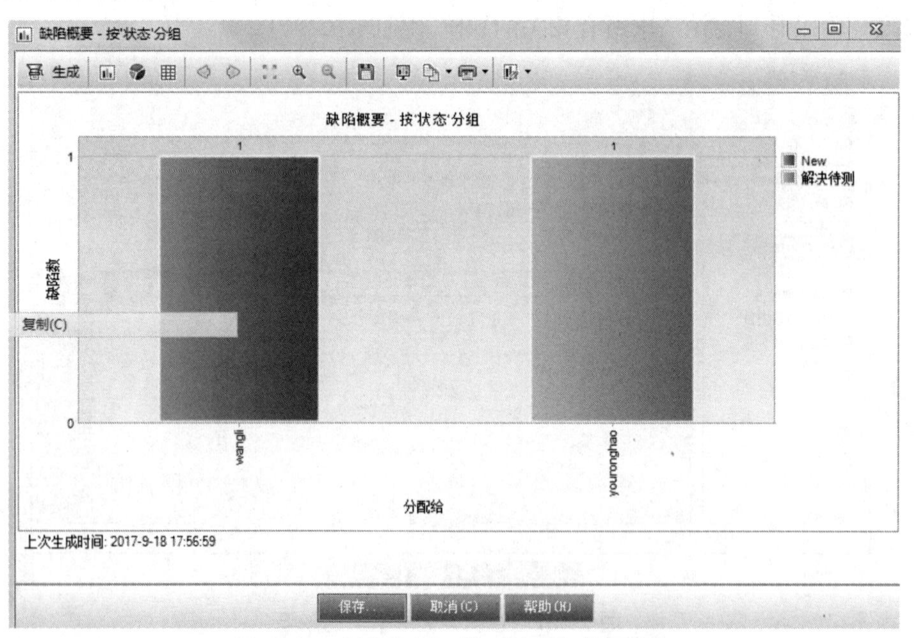

图 10-99　缺陷概要—按“状态”分组图表

10.6.5　实训六 ALM 缺陷管理

1. 实训目标

① 执行测试集并记录测试结果和缺陷。

② 查看缺陷并生成分析报告，在测试报告中引用分析结果。

2. 实训完成标准

将项目测试发现的缺陷全部提交到 ALM 进行管理，并用 ALM 对测试缺陷进行分析。

3. 实训任务和步骤

任务一：添加缺陷

将实践项目中发现的所有缺陷输入 ALM 进行管理。

任务二：关联缺陷和测试用例

将所有缺陷和测试用例关联起来。

任务三：分析缺陷

分析每个功能模块的缺陷情况，分析整个产品的缺陷情况。

第11章 项目实战样例

本章根据软件测试的一般过程给出了在线课程作业管理系统的主要测试文档，包括测试方案、测试用例、测试缺陷、测试总结报告。

本章学习目标

结合理论进一步理解软件测试过程中关键文档的主要内容以及表达方式。

11.1 项目测试方案

项目测试方案是整个测试的规划文档，在线课程作业管理系统的测试方案文档描述了测试该系统的整体规划。

在线课程作业管理系统

测试方案

目　录

3.2.2 测试方法

3.3 综合场景测试

3.3.1 测试内容

3.3.2 测试方法

4. 测试资源（环境、人力）

4.1 测试环境

4.1.1 硬件环境配置

4.1.2 软件环境配置

4.2 测试人力资源

4.2.1 人力资源需求

4.2.2 人员培训需求

5. 测试任务安排和进度计划

5.1 测试进度计划

5.2 测试功能模块分工

5.3 测试任务分解及具体安排

6. 测试管理

6.1 角色和职责

6.2 测试开始标准

6.3 测试完成标准

6.4 测试缺陷管理

7. 风险和应急

修订记录示例见表 11-1。

表 11-1 修订记录示例

版本	修订人	审批人	日期	修订描述
1.0	***	***	2011.11.24	根据评审意见进行细节修改
0.91	***	***	2011.10.26	补充综合场景测试
0.9	***	***	2011.10.19	完成初稿

1. 概述

1.1 编写目的

本文档是在线课程作业管理系统测试方案文档。通过对《在线课程作业管理系统需求说明书》和其他项目信息的分析整理，为了明确测试范围，分配测试任务，规范测试流程，特编写本文档，具体编写目的如下。

① 确定被测系统的信息，了解被测系统的构件，方便开展测试。

② 确定测试对象，确定测试范围，列出测试需求。

③ 明确测试任务分工，进行项目总体进度安排，预估测试任务的工作量。

④ 确定测试所需的软硬件资源以及人力资源，确保测试项目的顺利开展。

⑤ 列出测试可采用的策略和测试方法，便于科学有效地进行测试。

⑥ 列出项目产出的可交付文档。

⑦ 预估项目风险和成本，并制定应对措施。

本文档可能的读者为该项目的项目经理、软件开发工程师、软件测试工程师等与项目相关的其他干系人。

1.2 术语和缩略语

术语和缩略语示例见表 11-2。

表 11-2 术语和缩略语示例

术语和缩略语	解 释
课程执行	是指课程的一次实施，一般会指明授课教师、开始和结束时间、参加的学员

1.3 参考资料

参考资料示例见表 11-3。

表 11-3 参考资料示例

编号	作者	文献名称	出版单位（或归属单位）	日期
1	***	用户需求规格说明书_在线课程作业管理系统_V1.0	研发部需求分析小组	2010-10
2	***	软件需求规格说明书_在线课程作业管理系统_V1.0	研发部需求分析小组	2010-10
3	***	在线课程作业管理系统_项目计划书	研发部实施小组	2010-11
4	***	项目工作任务书_在线课程作业管理系统_V1.0	研发部实施小组	2010-11
5	***	软件设计说明书_在线课程作业管理系统_V1.0	研发部实施小组	2010-12

2. 测试对象分析

2.1 项目背景以及用户分析

- 项目名称：在线课程作业管理系统。
- 项目架构：B/S 架构，PC 运行（Android 暂不开发）。
- 项目背景简介：随着信息化时代的到来，教育信息化需求越来越高，作业作为授课过程中的重要一环，一方面可以督促学生的学习，进行课后巩固；另一方面是教师获取学生知识掌握情况的重要反馈途径。授课过程中的作业管理部分也亟须实现电子化管理，可以方便作业的查询、提交、批改和评价，提高工作效率。该项目能够创建课程，为课程创建题库，建立一次课程授课，并在授课过程中创建作业、提交作业答案、评价作业、反馈作业。

该系统的用户主要为高等教育学校的教师、学生，教育培训机构的教师和学员。

2.2 测试目的

本次测试的目的是测试系统是否满足需求说明书中的需求，主要有以下几点。

① 测试系统的功能是否实现，并且是否与需求保持一致。

② 测试系统在主流浏览器（如 IE 8、Google Chrome）上的兼容性是否达到需求说明书中的要求。

③ 验证系统业务逻辑是否正确。

④ 尽可能多地发现系统存在的缺陷。

⑤ 反馈软件产品存在的缺陷。

2.3 测试提交文档

本次测试需要提交的文档如下：

- 在线课程作业管理系统测试方案；
- 在线课程作业管理系统测试用例；
- 在线课程作业管理系统 Bug 报告清单；
- 在线课程作业管理系统测试总结报告。

2.4 测试范围

本次测试主要进行系统的功能性和兼容性测试，测试系统是否满足功能需求和兼容性需求，具体为用户注册及登录功能、课程管理功能、课程题库管理功能、课程执行管理、课程作业管理 5 个大模块的功能测试和兼容性测试。每个功能的具体功能点和兼容性测试要求见图 11-1。

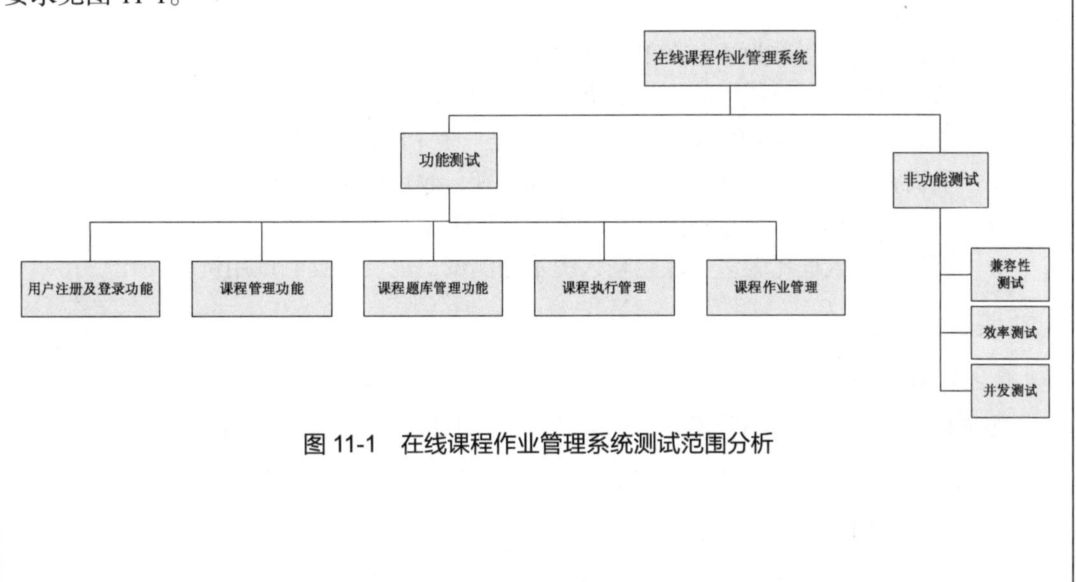

图 11-1 在线课程作业管理系统测试范围分析

3. 测试内容和策略

3.1 功能测试

3.1.1 测试内容

用户注册及登录功能、课程管理功能、课程题库管理功能、课程执行管理、课程作业管理 5 个大模块的功能测试的具体测试功能点见图 11-2。

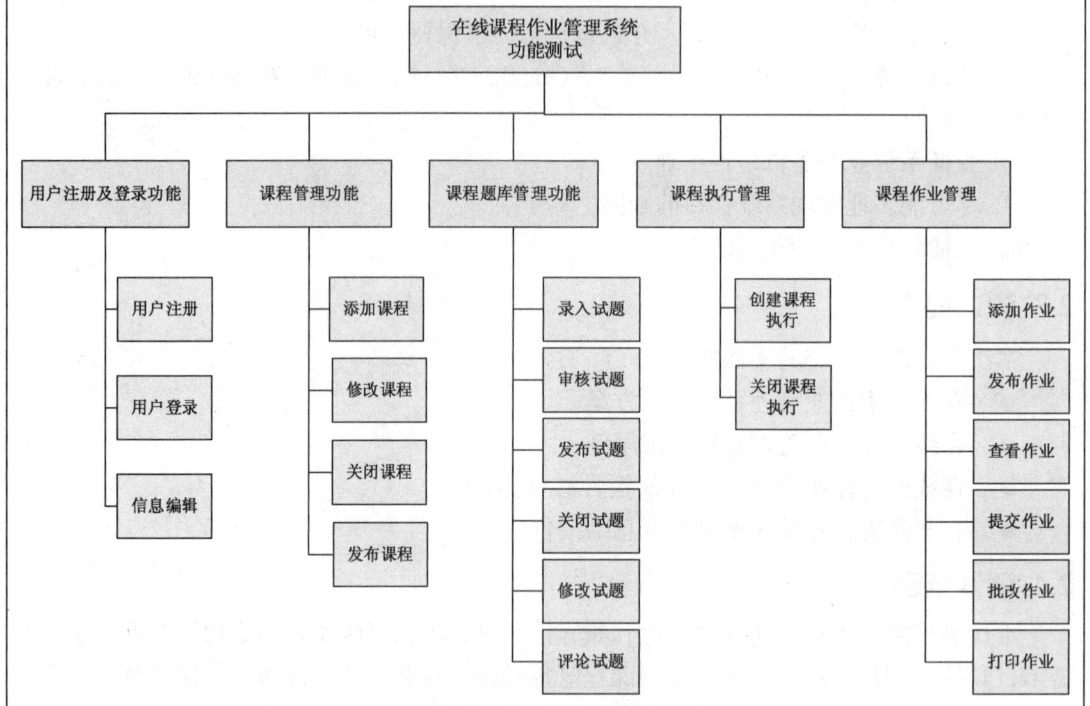

图 11-2　在线课程作业管理系统功能模块分析

3.1.2 测试方法

功能测试以手工测试为主，在 IE 8 上执行。

测试数据以测试人员创建的虚拟数据为主。

由于该系统为 B/S 架构的软件，测试的对象是一个个的页面，测试时的主要关注点如下。

- 页面查看。页面文字正确，布局排列合理，颜色协调，按钮齐全。
- 业务逻辑正确。注意不同页面之间数据的引用和关联关系。
- 页面的输入框比较多。注意输入提示的测试，以及正反测试用例的设计。

3.2 兼容性测试

3.2.1 测试内容

兼容性测试主要是指浏览器兼容性测试，重点测试 IE 8 和 Google Chrome 两个浏览器。

3.2.2 测试方法

测试主要采用手工测试方法。

测试数据以测试人员创建的虚拟数据为主。

根据以往测试的结果和经验，在进行兼容性测试时重点关注页面的信息展示：

- 页面打开后页面的整体布局；
- 页面编辑框输入时信息的显示以及对齐方式。

3.3 综合场景测试

3.3.1 测试内容

按照业务流程的实际场景开展综合测试，识别出的主要综合场景如下：

① 创建课程→发布课程→为课程添加题库→创建课程执行→为课程执行添加作业；

② 教师创建作业→教师发布作业→学生浏览作业→学生提交作业答案→教师批改作业→学生浏览作业反馈。

3.3.2 测试方法

以手工测试方法为主，重点是识别相对完整的业务流程，模拟用户工作流程。测试数据以客户提供的真实数据为主，数据存放的位置可以从测试服务器获取。

4. 测试资源（环境、人力）

4.1 测试环境

测试环境与用户真实环境差异分析：测试环境多使用用户环境的推荐配置，用户环境复杂多变，测试环境覆盖了主要的用户环境。

4.1.1 硬件环境配置

硬件环境配置见表 11-4。

表 11-4　硬件环境配置

关键项	数　量	配　置
测试 PC（客户端）	4	I7，主频 2.6 GHz，硬盘 1 TB，运行内存 4 GB

4.1.2 软件环境配置

软件环境配置见表 11-5。

表 11-5　软件环境配置

资源名称/类型	配　置
操作系统环境	PC 操作系统：Windows 7
浏览器环境	浏览器有 IE 8、Google Chrome
测试工具	无，采用手工测试

4.2 测试人力资源

4.2.1 人力资源需求

本次测试共需 4 名测试工程师，其中，测试负责人需要擅长沟通协作以及与外界交互，另外 3 名测试工程师需要在 2011-11-01 日之前到位，全程参与大约三周时间。

4.2.2 人员培训需求

4 名测试工程师中有一名初级工程师，需要参加培训，培训项目及介绍见表 11-6。

表 11-6　培训项目及介绍

培训名称	培训日期	培训范围及对象	培训讲师	培训目标
测试过程培训（包括 Bug 管理指南等）	2011 年 9 月	测试组	EPG 组	掌握测试过程和 Bug 处理过程

5. 测试任务安排和进度计划

5.1 测试进度计划

本次测试大约三周，计划开始和结束时间分别是 2011.11.21、2011.12.11。

注意

测试方案在软件需求确定后已经完成并在测试组内讨论，项目进入测试后会根据更新后的软件需求和软件实际开发的功能点对测试方案进行更新。

里程碑计划见图 11-3。

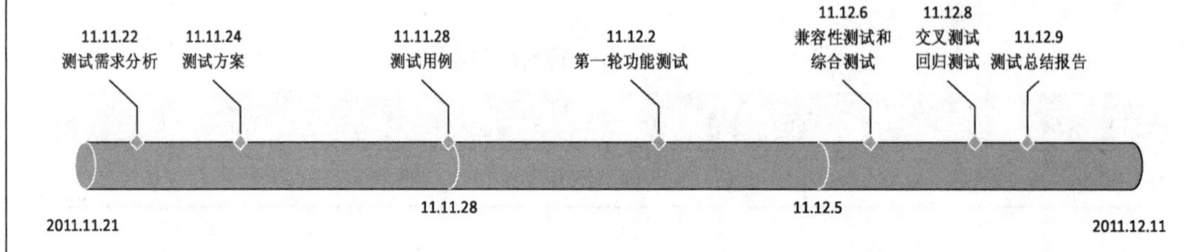

图 11-3　里程碑计划图

表 11-7 所示为本次测试进度具体安排。

表 11-7　测试进度安排

编号	测试阶段	工作天数	时间安排	参与人员	测试工作内容安排	产出
1	测试需求分析和测试准备	2	11.21～11.22	全体	● 了解被测项目背景 ● 学习软件需求并记录需求问题	① 软件需求存在的问题 ② 测试需求

续表

编号	测试阶段	工作天数	时间安排	参与人员	测试工作内容安排	产出
1	测试需求分析和测试准备	2	11.21～11.22	全体	● 分析测试需求，明确测试范围 ● 组内讨论，确定模块分工 ● 搭建测试环境	③ 确定模块分工 ④ 测试环境准备完毕
2	确定测试方案并评审方案	2	11.23～11.24	测试负责人	● 根据需求分析结果和分工约定编写测试方案 ● 进一步明确测试范围和测试策略 ● 评审测试方案	《在线课程作业管理系统—测试方案》 《测试方案评审报告》
3	编写测试用例并准备测试数据	4	11.23～11.28	全体	● 根据分工设计编写所负责模块的测试用例 ● 准备测试数据	《在线课程作业管理系统—测试用例》
4	全面功能测试	4	11.29～12.2	全体	● 在IE 8执行所负责模块的测试用例 ● 提交发现的Bug ● 及时测试已经解决的问题	《在线课程作业管理系统—缺陷报告清单》
5	兼容性测试和综合测试	2	12.5～12.6	全体	● 执行兼容性测试和综合测试 ● 提交发现的Bug ● 及时测试已经解决的问题	《在线课程作业管理系统—缺陷报告清单》
6	交叉测试和回归测试	2	12.7～12.8	全体	● 交换功能模块自由测试 ● 对已经解决的问题进行回归测试 ● 对功能测试进行回归测试	《在线课程作业管理系统—缺陷报告清单》
7	编写测试总结	1	12.9	测试负责人	● 汇总测试数据 ● 分析测试结果 ● 编写测试总结报告	《在线课程作业管理系统—测试总结报告》

续表

编号	测试阶段	工作天数	时间安排	参与人员	测试工作内容安排	产出
8	总结经验 备份文档	1	12.9	测试成员	● 整理项目产出文档 ● 总结经验 ● 备份到项目文档库	项目文档和经验总结提交到项目资产库

5.2 测试功能模块分工

表 11-8 所示为在线课程作业管理系统的功能模块分工。

表 11-8 功能模块分工

需求编号	用户角色	模块名称	功能名称	测试人员
Function01.01	教师 学员	用户注册及登录功能	用户注册	林**
Function01.02	教师 学员		用户登录	林**
Function01.03	教师 学员		信息编辑	林**
Function02.01	教师	课程管理功能	添加课程	钟**
Function02.02	教师		修改课程	钟**
Function02.03	教师		关闭课程	钟**
Function02.04	教师 学员		发布课程	钟**
Function03.01	教师 学员	课程题库管理功能	录入试题	张**
Function03.02	教师		审核试题	张**
Function03.03	教师		发布试题	张**
Function03.04	教师		关闭试题	张**
Function03.05	教师		修改试题	张**
Function03.06	教师 学员		评论试题	张**
Function04.01	教师	课程执行管理	创建课程执行	钟**
Function04.02	教师		关闭课程执行	钟**

续表

需求编号	用户角色	模块名称	功能名称	测试人员
Function05.01	教师	课程作业管理	添加作业	吴**
Function05.02	教师		发布作业	吴**
Function05.03	教师 学员		查看作业	吴**
Function05.04	学员		提交作业	吴**
Function05.05	教师		批改作业	吴**
Function05.06	教师 学员		打印作业	吴**

5.3 测试任务分解及具体安排

表 11-9 所示为测试任务的具体安排，任务开展情况会实时更新在项目管理平台。如果需要，则可以通过访问项目管理平台获取最新结果。

表 11-9 测试任务具体安排

任务名称	工期估算	开始时间	完成时间	分配给
测试需求分析和测试准备	2	2011.11.21	2011.11.22	
学习软件需求并记录需求问题	1	2011.11.21	2011.11.21	林**、吴**、张**、钟**
分析测试需求，讨论测试要点	0.5	2011.11.22	2011.11.22	林**、吴**、张**、钟**
讨论模块分工	0.5	2011.11.22	2011.11.22	林**、吴**、张**、钟**
准备测试环境	0.5	2011.11.22	2011.11.22	钟**
确定测试方案	3	2011.11.23	2011.11.25	
编写测试方案	2	2011.11.23	2011.11.24	林**
评审测试方案	1	2011.11.25	2011.11.25	林**
编写测试用例，准备测试数据	4	2011.11.23	2011.11.28	
用户注册及登录功能模块	1	2011.11.23	2011.11.23	林**
课程管理功能模块	4	2011.11.23	2011.11.28	钟**
课程题库管理功能模块	4	2011.11.23	2011.11.28	张**
课程执行管理模块	1	2011.11.24	2011.11.24	钟**
课程作业管理模块	4	2011.11.23	2011.11.28	吴**
综合测试用例	2	2011.11.25	2011.11.28	林**

续表

任务名称	工期估算	开始时间	完成时间	分配给
第一轮功能测试（IE 8 上执行）	4	2011.11.29	2011.12.2	
用户注册及登录功能模块	4	2011.11.29	2011.12.2	林**
课程管理功能模块	4	2011.11.29	2011.12.2	钟**
课程题库管理功能模块	4	2011.11.29	2011.12.2	张**
课程执行管理模块	4	2011.11.29	2011.12.2	钟**
课程作业管理模块	4	2011.11.29	2011.12.2	吴**
兼容性测试和综合测试	2	2011.12.5	2011.12.6	
用户注册及登录功能模块—兼容性（Chrome）	1	2011.12.5	2011.12.5	林**
课程管理功能模块—兼容性（Chrome）	2	2011.12.5	2011.12.6	钟**
课程题库管理功能模块—兼容性（Chrome）	2	2011.12.5	2011.12.6	张**
课程执行管理模块—兼容性（Chrome）	2	2011.12.5	2011.12.6	钟**
课程作业管理模块—兼容性（Chrome）	2	2011.12.5	2011.12.6	吴**
综合测试用例执行（IE 8）	1	2011.12.6	2011.12.6	林**
交叉测试和回归测试	2	2011.12.7	2011.12.8	
功能回归测试（按模块分工）	1	2011.12.7	2011.12.7	林**、吴**、张**、钟**
回归测试已解决 Bug（按模块分工）	0.5	2011.12.8	2011.12.8	林**、吴**、张**、钟**
自由交叉测试	0.5	2011.12.8	2011.12.8	林**、吴**、张**、钟**
测试总结	1	2011.12.9	2011.12.9	
完成测试总结报告	1	2011.12.9	2011.12.9	林**
经验总结，文档备案	1	2011.12.9	2011.12.9	林**、吴**、张**、钟**

6. 测试管理

6.1 角色和职责

（1）测试组外部角色职责

项目经理（林**）：跟踪、分配、监督系统测试期间发现的问题。

开发人员：跟踪、解决系统测试期间发现的缺陷。

（2）测试组内部角色职责

测试组内部角色职责见表 11-10。

表 11-10　测试组内部角色职责

角　色	人　员	主要职责
测试负责人	林**	① 设定测试流程 ② 协调项目安排，跟踪测试进度 ③ 需求分析 ④ 撰写测试方案 ⑤ 编写负责模块的测试用例 ⑥ 对系统进行功能测试 ⑦ 提交 Bug，汇总分析 ⑧ 撰写测试总结报告，整理并提交测试文档
测试工程师	吴** 张** 钟**	① 需求分析 ② 编写负责模块的测试用例 ③ 对系统进行功能测试，执行相应的测试用例 ④ 提交 Bug，回归 Bug

注意

以上内外部项目干系人联系方式可以在公司 OA 办公系统获取。

（3）工作汇报

① 测试工程师每天向测试负责人汇报测试任务执行情况。

② 测试负责人每周向项目经理汇报测试进度和产品质量状况。

6.2 测试开始标准

被测对象必须同时满足以下条件后才可以进入测试。

① 需求的各功能点已实现，100%完成。

② 交付测试的版本已经通过基本的测试（用于检查版本的测试用例集全部执行通过）。

6.3 测试完成标准

本次测试完成的标准如下。

① 测试用例按要求执行完毕，100%完成。

② 最后一轮全量测试没有发现新的问题。

③ 测试的 Bug 解决比例在 90%以上，无"高（Major）"以上级别的 Bug 遗留。

④ 测试报告审批通过。

6.4 测试缺陷管理

测试缺陷的提交和管理遵循《缺陷管理指南》，可以通过项目管理平台的"流程和规范"获取该文档。

测试发现的所有缺陷通过公司项目管理平台统一管理。

7. 风险和应急

从测试项目的时间、人力资源、技术难度、沟通等多方面进行风险识别，该项目可能存在的风险、相关风险的规避措施以及相应的风险跟踪人参见表 11-11。

表 11-11　风险分析及规避措施

编号	风险描述	严重程度	规避措施	跟踪人
1	发现阻碍测试开展的严重 Bug	高	积极督促开发人员尽快解决	林**
2	可能在 IE 8 和 Google Chrome 以外的浏览器上出现的问题	中	① 交叉自由测试阶段，测试人员在其他浏览器开展测试 ② 在后续的 Alpha 和 Beta 测试阶段加强浏览器兼容性测试	林**
3	被测系统不能按时交付测试（根据以往经验，发生概率比较高）	高	由于产品上线时间已经确定，需要通过加班或增加人手来确保在截止日期之前完成测试。需要测试负责人与外部协商沟通	林**
4	团队有一名新测试人员，缺少经验，可能导致测试不充分	低	① 充分分析软件需求，熟悉测试需求点 ② 开展自由交叉测试，弥补单兵作战的不足 ③ 对新测试人员进行培训和充分的指导	林**

11.2 项目测试用例

由于在线课程作业管理系统项目的测试用例比较多，这里只给出一部分测试用例，见表 11-12。

表 11-12 部分测试用例

在线课程作业管理系统—测试用例							
测试用例编号	测试项目	测试标题	重要级别	预置条件	输入	执行步骤	预期输出
Function01.02-001	登录功能测试	登录界面显示正确性验证	低	登录页面正常显示	打开登录页面	打开登录页面	① 界面文字和按钮文字显示正确 ② 布局合理 ③ 颜色协调
Function01.02-002	登录功能测试	用户名存在，密码存在且匹配，验证码匹配	高	用户名存在，密码存在且匹配，验证码匹配	① 用户名：student ② 密码：student123 ③ 验证码：与图片匹配	① 输入数据 ② 单击登录	登录成功
Function01.02-003	登录功能测试	用户名、密码均为一个字符长	高	用户名存在，密码存在且匹配，验证码匹配	① 用户名：一个字符长 ② 密码：一个字符长 ③ 验证码：与图片匹配	① 输入数据 ② 单击登录	登录成功
Function01.02-004	登录功能测试	用户名、密码均为 5 个字符长	高	用户名存在，密码存在且匹配，验证码匹配	① 用户名：5 个字符长 ② 密码：5 个字符长 ③ 验证码：与图片匹配	① 输入数据 ② 单击登录	登录成功

续表

在线课程作业管理系统—测试用例							
测试用例编号	测试项目	测试标题	重要级别	预置条件	输　入	执行步骤	预期输出
Function01.02-005	登录功能测试	用户名、密码均为 10 个字符长	高	用户名存在，密码存在且匹配，验证码匹配	① 用户名：10 个字符长 ② 密码：10 个字符长 ③ 验证码：与图片匹配	① 输入数据 ② 单击登录	登录成功
Function01.02-006	登录功能测试	用户名错误（未注册），其他字段正确	高	密码存在，验证码匹配	① 用户名：未注册 ② 密码：student123 ③ 验证码：与图片匹配	① 输入数据 ② 单击登录	登录失败，提示用户名错误
Function01.02-007	登录功能测试	用户名错误（空），其他字段正确	高	密码存在，验证码匹配	① 用户名： ② 密码：student123 ③ 验证码：与图片匹配	① 输入数据 ② 单击登录	登录失败，提示用户名错误
Function01.02-008	登录功能测试	密码错误（不匹配），其他字段正确	高	用户名存在，验证码匹配	① 用户名：student ② 密码：不匹配 ③ 验证码：与图片匹配	① 输入数据 ② 单击登录	登录失败，提示密码错误
Function01.02-009	登录功能测试	密码错误（空），其他字段正确	高	用户名存在，验证码匹配	① 用户名：student ② 密码： ③ 验证码：与图片匹配	① 输入数据 ② 单击登录	登录失败，提示密码错误
Function01.02-010	登录功能测试	验证码错误（全部大写）	高	用户名存在；密码存在且匹配；验证码不匹配，全部大写	① 用户名：student ② 密码：student123 ③ 验证码：输入大写字母	① 输入数据 ② 单击登录	登录失败，提示验证码错误
Function01.02-011	登录功能测试	验证码错误（全部小写）	高	用户名存在；密码存在且匹配；验证码不匹配，全部小写	① 用户名：student ② 密码：student123 ③ 验证码：输入小写字母	① 输入数据 ② 单击登录	登录失败，提示验证码错误

续表

在线课程作业管理系统—测试用例							
测试用例编号	测试项目	测试标题	重要级别	预置条件	输　入	执行步骤	预期输出
Function01.02-012	登录功能测试	验证码正确	高	用户名存在，密码存在且匹配，验证码匹配	① 用户名：student ② 密码：student123 ③ 验证码：与图片匹配	① 输入数据 ② 单击登录	登录成功
Function01.02-013	登录功能测试	验证码错误（不匹配），其他字段正确	高	用户名存在，密码存在且匹配	① 用户名：student ② 密码：student123 ③ 验证码：与图片不匹配	① 输入数据 ② 单击登录	登录失败，提示验证码错误
Function01.02-014	登录功能测试	验证码错误（空），其他字段正确	高	用户名存在，密码存在且匹配	① 用户名：student ② 密码：student123 ③ 验证码：	① 输入数据 ② 单击登录	登录失败，提示验证码错误
Function01.02-015	登录功能测试	忘记密码	中	正常打开登录页面	无	单击“忘记密码”	弹出提示“联系管理人”
Function01.02-016	登录功能测试	更换验证码	中	正常打开登录页面	无	单击验证码后面的“换一张”按钮	验证码更换

11.3 项目缺陷报告

在线课程作业管理系统测试缺陷有 90 多个，这里只给出一部分测试缺陷，见表 11-3。

表 11-13 部分测试缺陷

在线作业管理系统—缺陷报告						
缺陷编号	模块名称	摘要	描述	缺陷严重程度	提交人	附件说明
1	登录模块	在登录页面输入带小数点的用户名，登录不应该出现 400 错误	浏览器：IE 8.2.0.29 步骤复现： ① 打开登录页面 ② 输入一个带小数点的用户名进行登录 ③ 在其他输入框正确输入 预期结果： 弹出错误提示信息 实际结果： 出现 400 错误	严重	林**	HTTP Status 400 - type Status report message description The request sent by the client was syntactically incorrect. Apache Tomcat/7.0.61
2	登录模块	在登录页面，验证码更换按钮没有实现	浏览器：IE 8.2.0.29 步骤复现： ① 打开登录页面 ② 在各输入框正确输入 ③ 单击验证码后面的"换一张？"按钮 预期结果： 验证码更换 实际结果： 验证码没有更换	中	林**	K81X 换一张？

续表

在线作业管理系统—缺陷报告						
缺陷编号	模块名称	摘　要	描　述	缺陷严重程度	提 交 人	附件说明
3	登录模块	在登录页面，“忘记密码”的红色字体与底色为蓝色的页面冲突	浏览器：IE 8.2.0.29 步骤复现： ① 打开登录页面 ② “忘记密码”字体的颜色为红色，页面底色为蓝色 预期结果： 两者颜色不该冲突 实际结果： 两者颜色冲突了	低	林**	
4	登录模块	Google Chrome 兼容性问题，在登录页面，输入框都没有任何提示说明	浏览器：Google Chrome 11.0.29 步骤复现： 打开登录页面 预期结果： 输入框内应该有相应的提示信息 实际结果： 输入框内没有相应的提示信息	中	林**	

续表

在线作业管理系统—缺陷报告						
缺陷编号	模块名称	摘　要	描　述	缺陷严重程度	提 交 人	附件说明
5	登录模块	Google Chrome 兼容性问题，在登录页面，验证码输入框输入的内容没有居中	浏览器：Google Chrome 11.0.29 步骤复现 打开登录页面 预期结果： 在验证码输入框输入的内容居中显示 实际结果： 在验证码输入框输入的内容没有居中显示	低	林**	7qt
6	编辑个人信息	在个人信息页面输入的电话长度小于 11 位时仍可保存	浏览器：IE 8.2.0.29 步骤复现 ① 打开个人信息页面 ② 在电话输入框输入一个长度小于 11 位的电话 预期结果： 保存不成功 实际结果： 保存成功了	高	林**	修改成功! 姓名：广州番禺职业技术学院 手机号：123456

续表

在线作业管理系统—缺陷报告						
缺陷编号	模块名称	摘　　要	描　　述	缺陷严重程度	提 交 人	附件说明
7	课程管理	在课程管理页面，单击“新增”按钮不应该出现404错误	浏览器：IE 8.2.0.29 步骤复现： ① 以学员账号登录，打开课程管理页面 ② 单击“新增”按钮 预期结果： 提示没有权限操作 实际结果： 出现404错误 以学员账号登录后，建议“新增”按钮不显示或者以灰色显示，用于表示没有权限操作	严重	钟**	抱歉,系统错误 404
8	课程管理	修改课程时，在未修改信息的情况下，按钮颜色突出显示，不合逻辑	浏览器：IE 8.2.0.29 步骤复现： ① 以教师权限登录，进入课程管理页面 ② 选择一个课程，单击“修改”按钮，弹出浮窗 预期结果： 未修改任何信息时，“取消”按钮显示为蓝色，“提交”按钮显示为灰色 实际结果： “取消”按钮显示为灰色，“提交”按钮显示为蓝色	低	钟**	提交 取消

续表

在线作业管理系统—缺陷报告						
缺陷编号	模块名称	摘　要	描　述	缺陷严重程度	提 交 人	附件说明
9	课程管理	关闭课程时缺少确认关闭的询问	浏览器：IE 8.2.0.29 步骤复现： ① 以教师权限登录，进入课程管理页面 ② 选择一个课程，单击“关闭”按钮 预期结果： 弹出询问框，询问是否确认关闭 实际结果： 课程直接变为关闭状态	低	钟**	

11.4 项目测试报告

测试报告是对被测产品的评价，对测试活动的总结。在线课程作业管理系统测试报告全面对测试产品和测试活动进行了总结。

在线课程作业管理系统

测试总结报告

目 录

1. 引言

1.1 编写目的

本文档为在线课程作业管理系统的测试总结报告，目的在于回顾测试过程，总结并分析测试结果，说明系统在功能和兼容性方面是否达到需求，对系统质量进行评价。本文档的目的如下。

① 分析测试结果并以图表等形式进行展现，以便直观地了解系统中存在的问题。

② 根据测试结果对系统进行质量评价，并根据测试结果提出改进建议。

③ 对测试过程进行总结，以便提高测试人员的测试能力。

本文档可能的合法读者为项目开发工程师、项目经理、项目测试工程师等与项目相关的干系人。

1.2 参考文档

参考文档见表 11-14。

表 11-14　参考文档

文档名称	版　本	文档地址	作者
在线课程作业管理系统需求说明书	V1.0	http://...	测试小组
在线课程作业管理系统—测试方案	V1.0	http://...	测试小组
在线课程作业管理系统—测试用例	V1.0	http://...	测试小组
在线课程作业管理系统—缺陷报告清单	V1.0	http://...	测试小组

2. 测试基本信息

2.1 测试基本信息介绍

测试基本信息介绍见表 11-15。

表 11-15　测试基本信息介绍

对应的测试方案	在线课程作业管理系统—测试方案
被测对象简介	● 该系统为 B/S 架构，在 PC 上运行 ● 该系统的用户主要为高等教育学校的教师、学生，以及教育培训机构的教师和学员 ● 该系统能够创建课程，为课程创建题库，建立一次课程授课，并在授课过程中创建作业、提交作业答案、评价作业、反馈作业
测试内容描述	① 系统的功能测试（包括 5 个模块：用户注册及登录功能模块、课程管理功能模块、课程题库管理功能模块、课程执行管理模块、课程作业管理模块） ② 系统的兼容性测试（IE 8 和 Google Chrome）
测试人员	测试负责人：林** 测试工程师：钟**、吴**、张**
测试时间	2011.11.21 ~ 2011.12.13，共计 17 个工作日

2.2 测试环境与配置

2.2.1 硬件环境配置

硬件环境配置见表 11-16。

表 11-16　硬件环境配置

关键项	数量	配　置
测试 PC（客户端）	4	I7，主频 2.6 GHz，硬盘 1 TB，运行内存 4 GB

2.2.2 软件环境配置

软件环境配置见表 11-17。

表 11-17　软件环境配置

资源名称/类型	配　置
操作系统环境	PC 操作系统：Windows 7
浏览器环境	浏览器有 IE 8、Google Chrome
测试工具	无，采用手工测试

3. 测试充分性分析

（1）测试环境

测试环境多使用用户环境的推荐配置，用户环境复杂多变，测试环境覆盖了主要的用户环境。如果产品在测试环境通过，则在用户环境下也可以通过。

（2）测试数据

在分模块测试中，测试数据主要是测试工程师自己创造的数据，这部分数据主要是根据等价类划分法、边界值分析法等测试用例设计方法自行创造的数据。

在综合测试中，使用的数据来自于客户真实数据，是授课用到的真正的课程、题目、作业，最大程度模拟了用户的真实场景。该测试可确保系统能支持的客户真实数据的运行。

（3）测试内容和方法

本次测试主要采用黑盒测试法，针对系统的需求分析结果，采用黑盒测试方法中的等价类划分、边界值分析、错误推断、场景等测试方法。

测试时，首先安排了一轮全面的功能测试。功能测试在 IE 8 上执行，主要用于测试单个功能模块的功能正确性。然后安排了 Google Chrome 上的兼容性测试和 IE 8 上的综合案例测试。为了弥补人员定向思维的不足，第三阶段安排了自由交叉测试。由于测试开展过程中，开发人员也在修复缺陷，因此在测试后期安排了第二轮全量的功能回归测试，确保修复过程中没有引入新的缺陷。

以上安排全面、充分地对系统进行了功能测试和兼容性测试。

4. 测试结果及分析

4.1 整体情况

本次测试共设计测试用例 605 个，测试用例执行率为 100%。

测试发现缺陷 93 个，其中，第一轮功能测试发现缺陷 78 个，兼容性测试发现缺陷 10 个，综合场景测试发现缺陷 1 个，回归测试发现缺陷 4 个。最后一次全量回归没有发现新的缺陷。

截止到写此文档的时间点，缺陷状态见表 11-18。

表 11-18 缺陷状态统计表

问题状态	问题个数（总数 93 个）	备注说明
暂时不解决	1	系统不支持小组合作类型的作业，此需求为后续添加的，已经确定将此功能放在以后的版本中开发
正在解决	2	这两个问题属于视图显示问题，缺陷严重程度为低
已解决	90	占比约 97%

4.2 功能测试结果

功能测试测试了被测系统的 5 个功能模块，共 21 个功能点（具体参考测试方案中的功能测试内容）。测试中，部分功能点业务逻辑较为复杂，例如课程作业管理，涉及两个角色，流转复杂，填写的信息项较多，测试难度较大。

功能测试共运行测试用例 605 个，发现缺陷 83 个，严重的缺陷主要表现在角色权限不正确而导致的系统错误，高级别缺陷主要是业务逻辑不正确。所有中级以及以上缺陷已经全部解决。

4.3 兼容性测试结果

兼容性测试共执行测试用例 591 个，发现缺陷 10 个，主要是界面显示和缺少输入提示类的问题，已经全部解决。

4.4 测试用例汇总

在测试用例设计时充分考虑了等价类和边界值，测试用例汇总见表 11-19。

表 11-19 功能测试用例汇总表

模块名称	用户角色	功能名称	用例数量	用例设计人员	用例执行人员
用户注册及登录功能	教师 学员	用户注册	89	林**	林**
	教师 学员	用户登录		林**	林**
	教师 学员	用户信息编辑		林**	林**
课程管理功能	教师	添加课程	77	钟**	钟**
	教师	修改课程		钟**	钟**
	教师	关闭课程		钟**	钟**

续表

模块名称	用户角色	功能名称	用例数量	用例设计人员	用例执行人员
课程管理功能	教师 学员	发布课程	77	钟**	钟**
课程题库管理功能	教师 学员	录入试题	185	张**	张**
	教师	审核试题		张**	张**
	教师	发布试题		张**	张**
	教师	关闭试题		张**	张**
	教师	修改试题		张**	张**
	教师 学员	评论试题		张**	张**
课程执行管理	教师	创建课程执行	37	林**	林**
	教师	关闭课程执行		林**	林**
课程作业管理	教师	添加作业	203	吴**	吴**
	教师	发布作业		吴**	吴**
	教师 学员	查看作业		吴**	吴**
	学员	提交作业		吴**	吴**
	教师	批改作业		吴**	吴**
	教师 学员	打印作业		吴**	吴**
综合场景测试	教师 学员		14	林**	林**
用例合计（个）			605		

图 11-4 所示为功能测试的测试用例对比图，测试用例数量与功能的复杂度基本保持一致，课程题库管理功能模块和课程作业管理模块的用例数量相对较多。

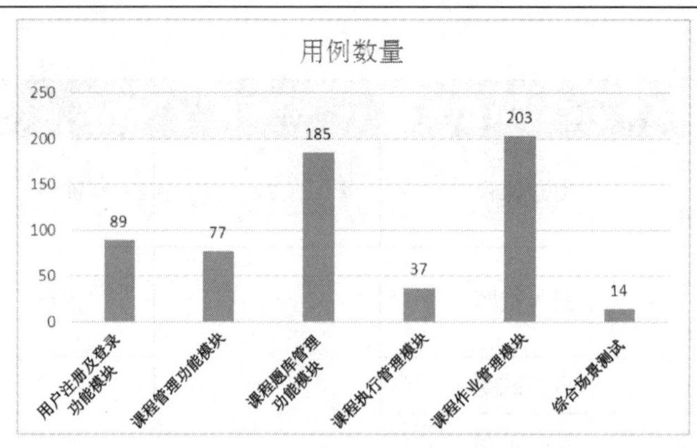

图 11-4　功能测试的用例数量对比图

4.5 测试缺陷汇总

表 11-20 所示为缺陷汇总表。

表 11-20　缺陷汇总表

功能模块	按 Bug 严重程度的个数划分				
	严重	高	中	低	合计
用户注册及登录功能模块	2	8	4	4	18
课程管理功能模块	0	0	4	7	11
课程题库管理功能模块	0	4	7	18	29
课程执行管理模块	0	0	3	6	9
课程作业管理模块	3	3	8	12	26
合计（个）	5	15	26	47	93

图 11-5 所示为缺陷严重程度分布图，中、低程度所占的比例比较高，高和严重缺陷相对较少。严重缺陷主要是当权限不正确时单击相应操作而产生的系统错误，高级别的缺陷集中在业务逻辑错误上。中、低级别的缺陷主要表现在数据引用不合理、界面错误和设计不合理。

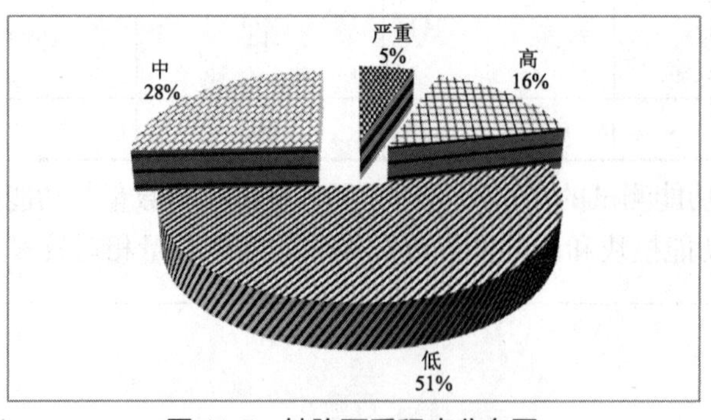

图 11-5　缺陷严重程度分布图

根据统计，在所有缺陷中，改进建议类缺陷 14 个、用户界面类缺陷 24 个、功能缺陷类缺陷 55 个。图 11-6 所示为缺陷类型的分布图，比例最多的还是功能缺陷。功能缺陷有

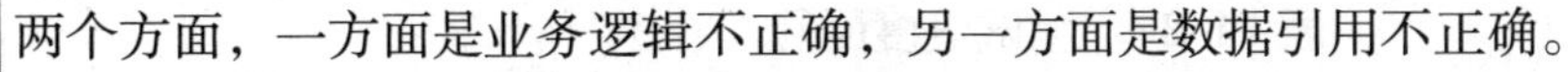

两个方面，一方面是业务逻辑不正确，另一方面是数据引用不正确。

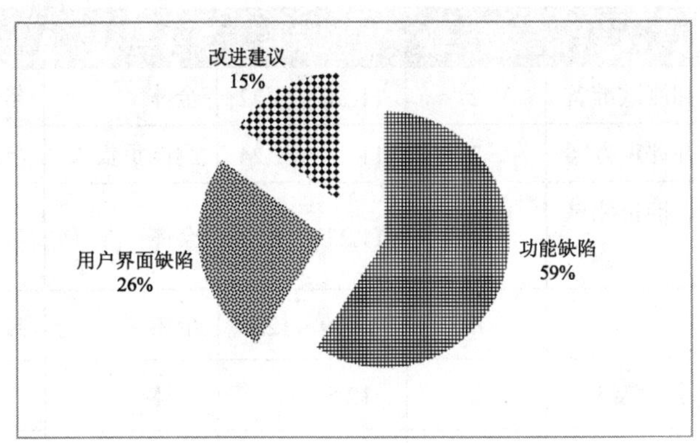

图 11-6　缺陷类型分布图

图 11-7 所示为各模块缺陷数量对比图。从该图可以看出课程题库管理功能模块和课程作业管理模块的缺陷相对比较多，根据测试的二八原则，建议测试工程师在后续的工作中加强对该模块的测试。

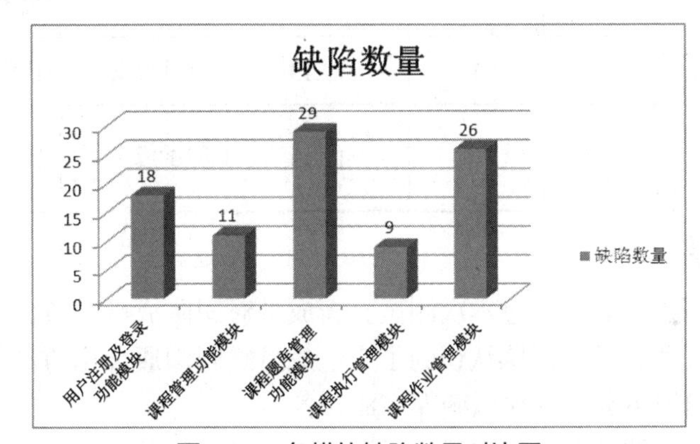

图 11-7　各模块缺陷数量对比图

5. 测试活动总结

本次测试任务投入测试工程师 4 人，共 17 个工作日。测试过程严格按照软件测试项目的流程开展，包括测试需求分析、测试方案制订、测试用例编写、测试执行、测试总结报告编写。为了确保测试的充分性，测试过程中引入了交叉自由测试和回归测试，各项具体测试任务的开展遵循测试方案中的计划。

测试覆盖了要求测试的测试范围，并测试充分。测试流程符合软件工程项目管理要求，测试开展基本与测试方案中的预期一致。

5.1 测试进度回顾

本次测试时间短，涉及的模块较多。在测试过程中，部分模块业务逻辑较为复杂，因此在测试用例设计和测试执行部分的进度相对较慢，但总体保持在可控范围内。测试用例设计和测试的执行能够在方案的预期时间内完成，各个测试环节进行顺利，测试的所有流程均已完成，具体进度参见表 11-21。

表 11-21 测试进度回顾

编号	测试阶段	工作天数	时间安排	参与人员	实际执行说明
1	测试需求分析和测试准备	2	11.21 ~ 11.22	全体	与原计划符合
2	确定测试方案并评审方案	2	11.23 ~ 11.24	测试负责人	与原计划符合
3	编写测试用例，准备测试数据	4	11.23 ~ 11.28	全体	与原计划符合
4	第一轮功能测试	4	11.29 ~ 12.2	全体	与原计划符合
5	兼容性测试和综合测试	2	12.5 ~ 12.6	全体	与原计划符合
6	交叉测试和回归测试	2	12.7 ~ 12.12	全体	由于在回归测试中新发现了 4 个问题，等问题解决后，多增加了一轮功能回归测试，比原计划多用了两天
7	编写测试总结	1	12.13	测试负责人	比原计划推迟两天
8	总结经验 备份文档	1	12.13	测试成员	比原计划推迟两天

5.2 测试经验总结

本次测试培养新人一名。通过本次测试，新成员对团队成员沟通合作的重要性有了充分认识；通过此次任务，整个团队认识到了小组成员之间沟通合作的重要性，特别是在有限的时间、人力等情况下如何合作以确保完成任务。

本次测试过程严格按照测试流程开展，团队通过实践理解了这些环节的具体操作方法，同时积累了测试 B/S 架构的信息系统测试经验。通过此次测试，成员对如何开展此类系统的测试工作有了深刻的理解，积累了对信息系统典型页面（如数据新增页面、数据修改页面、数据搜索页面等）的测试经验。

6. 测试结论

根据测试数据，被测系统存在较多缺陷，部分模块的缺陷数量较大。测试过程共发现 Bug 93 个，各个模块均有分布。其中，课程题库管理功能模块的缺陷最多，其次为课程作业管理模块。根据测试的二八原则（80%的缺陷分布在 20%的模块），建议加强对这两个模块的测试。

在缺陷的严重性方面，有 5 个缺陷属于严重缺陷，其中登录模块两个，课程作业管理模块 3 个。登录模块的缺陷集中在输入数据不正确时产生的错误，课程作业管理模块中的缺陷集中在当操作用户越权操作时产生的 404 系统错误。有些缺陷严重影响了系统质量，建议进一步对涉及类似情况的需求进一步检查。

此外，测试中也发现了一些低级错误（如页面错别字、控件排列不整齐等），建议在后续的开发中加强开发人员的质量意识，降低此类错误的发生概率。

在最后一轮功能回归测试中没有发现问题，97%的问题已经解决，没有遗留高以及以上级别的问题。测试组认为系统质量达到了交付客户的要求，测试可以结束。

附　录

附录 1　某企业测试方案模板

XX 项目测试方案

目　录

3.4 其他

4. 测试人员要求和测试培训

5. 测试管理

5.1 角色职责以及工作汇报

5.2 测试出入口条件

5.2.1 测试开始标准

5.2.2 完成的标准

5.3 缺陷管理

5.4 测试执行管理

6. 计划进度

6.1 里程碑

6.2 测试任务及时间和人员安排

7. 风险和应急

修订记录见附表 1-1。

附表 1-1　修订记录

版本	修订人	审批人	日期	修订描述

1. 引言

归纳所要求测试的软件基本信息，可以包括系统目标、背景、范围及参考材料等。

1.1 编写目的

本测试方案的具体编写目的，指出预期的读者范围。

1.2 被测对象背景

该软件项目的背景。

谁是系统的客户、用户和其他相关方。

1.3 测试目的

本次测试应达到的目标。

本次测试的输出物：测试总结报告需求—案例对照表。

1.4 术语和缩略语

对文中使用的术语和缩略语进行说明。

1.5 参考资料

编写本文档时引用或参考的文档，包括需求文档、项目计划、设计文档、有关政策、有关标准等。

2. 测试范围和策略

描述本次测试的范围，包括功能和压力测试、性能测试、兼容性测试、可用性测试、错误恢复和可靠性测试、安全性测试、可维护性测试、安装部署测试、配置项测试等，以及执行上述测试的方法和途径。

参考被测对象的软件需求规格说明书和用户需求规格说明书，对各类测试说明测试项和不被测试项。

2.1 测试范围

说明被测试产品的测试需求，可以包括原理、结构、主要功能、特性、要开展的测试类型。

注意考虑测试的顺序，先测试什么模块再测试什么模块，哪些项目必须先测试等。列出不被测试的内容，并说明原因。

2.2 测试策略

各个测试内容的测试方法和途径，可以按照测试类型分，也可以按照需求模块分。

2.3 功能测试

列出需要测试的功能点，确定测试重点。

2.4 性能测试

列出需要测试的各性能指标和压力场景（关键业务），确定测试重点；列出不被测试的性能指标和压力场景（非关键业务），说明原因。

2.5 兼容性测试

列出兼容性测试的兼容范围和条件，以及兼容测试的测试项。

2.6 可用性测试

列出需要测试的可用性关注点，并评估重要级别。

注：可用性测试是以用户体验为主的测试，了解测试对产品的态度、使用习惯等，根据实际情况可以将此部分放在 Alpha 和 Beta 测试中。

2.7 错误恢复和可靠性测试

列出需要测试的错误恢复和可靠性保证点，并评估风险，确定测试重点；列出不被测试的但可能是风险的点，提出建议或评估风险。

2.8 安全性测试

列出需要测试的安全保证机制，并评估风险，确定测试重点。

2.9 用户文档测试

列出针对安装手册、用户手册和维护手册等用户文档的正确性、一致性等内容的测试机制，并确定测试重点。

2.10 安装部署测试

列出安装部署测试内容，包括软件包的完整性、安装前提说明的完整性和准确性、安装部署文档的验证等，包括卸载。

2.11 配置项测试

列出需要测试的不同配置项下系统的功能。

2.12 其他

根据软件需求规格书和用户需求规格说明书，以及其他特定的要求，进行需要的其他测试。

3. 测试环境、工具和测试数据来源

描述实际系统工作的工作环境、计划建立的测试环境，并描述它们之间的差异，评估由此带来的风险。

列出测试环境的组成和来源，包括测试工具、测试数据、硬件设备、软件、网络、其他特殊要求等。如果有的条件不能满足，则描述代替的方案及增加的风险。

列出测试使用的数据以及数据的来源（客户提供、自主构建或者以往的有效数据。）

3.1 实际环境

根据架构设计的系统部署环境部分，描述系统实际的运行环境和部署形态。

3.2 测试环境

描述测试环境，以及与实际环境的差异，评估由此带来的风险。

3.2.1 测试环境描述和分析

描述测试环境与实际环境之间的差异，以及这样的差异所带来的风险是否是在可接受的范围之内。一般，测试环境主要包括软件环境、硬件环境、测试数据环境。

3.2.2 测试资源列表（包括工具）

描述测试环境下的各项资源及来源、申请途径、使用时间段；如果不能满足，则描述替代方案及风险。

3.3 测试数据

列出测试使用的数据以及数据的来源（客户提供、自主构造或者以往的有效数据。）

3.4 其他

描述其他需要的测试环境。

4. 测试人员要求和测试培训

测试人员的测试技能和经验要求。
测试人力资源数量要求。
测试人员介入时间段。
需要怎样的支持和培训。

5. 测试管理

5.1 角色职责以及工作汇报

定义测试小组外部的角色和职责，如项目经理、开发人员、配置管理人员、IT 人员等。
定义测试小组内部的角色和职责，如组长、组员等。
描述测试工作的汇报关系。

5.2 测试出入口条件

5.2.1 测试开始标准

描述测试的入口条件。一般包括所有需求已经实现、上一阶段的测试已经通过等条件。

5.2.2 完成的标准

系统测试的出口条件，一般包括测试用例执行完毕等。

5.3 缺陷管理

描述本次测试的缺陷严重级别、优先级别、缺陷报告填写规范、缺陷提交流程。

5.4 测试执行管理

描述本次测试的测试执行规范、测试情况记录、汇总等。

6. 计划进度

定义项目测试进度以及所有测试项传递时间。定义所需的测试里程碑，估计完成每项测试任务所需的时间，为每项测试任务和测试里程碑定义进度，对每项测试资源规定使用期限。

6.1 里程碑

描述里程碑。

6.2 测试任务及时间和人员安排

评估测试环境准备的工作量、测试案例编写的工作量，测试执行的工作量，测试结果分析和报告的工作量，并在此基础上安排时间计划。附表 1-2 为测试任务及时间和人员安排表。

附表 1-2 测试任务及时间和人员安排表

序号	任务	内容	前置任务	工作量	开始时间（yyyy-mm-dd）	终止时间（yyyy-mm-dd）	资源（执行人姓名）	输出（产生的代码或者文档等）
1	测试案例编写							
2	测试环境和测试数据的准备							
3	执行测试并记录结果							
4	完成测试报告							
5	测试结果评估							
…	……							

7. 风险和应急

预测测试的风险，规定对各种风险的应急措施。

附录 2　测试用例模板

测试用例模板一般为 Excel 文档，第一个 Sheet 页为“汇总页”（见附图 2-1）。

测试用例及执行记录

产品版本:	
开始日期:	
结束日期:	

数量统计		百分比统计	
测试用例数量	912	通过率	0.0%
执行数量	0	不通过率	0.0%
通过数量	0	N/A率	0.0%
不通过数量	0	执行率	0.0%
N/A数量	0	未执行率	100.0%

测试项	总的测试用例	执行总数	通过	不通过	N/A	执行率	通过率	不通过率	N/A率	测试人员	测试日期
功能测试-功能模块1	236	236	0	0	0	0.0%	0.0%	0.0%	0.0%		
功能测试-功能模块2	330	330	0	0	0	0.0%	0.0%	0.0%	0.0%		
功能测试-功能模块n	25	25	0	0	0	0.0%	0.0%	0.0%	0.0%		
性能测试	13	13	0	0	0	0.0%	0.0%	0.0%	0.0%		
兼容性测试	34	34	0	0	0	0.0%	0.0%	0.0%	0.0%		
安装卸载测试	164	164	0	0	0	0.0%	0.0%	0.0%	0.0%		
……	110	110	0	0	0	0.0%	0.0%	0.0%	0.0%		

汇总页　功能测试用例　性能测试用例　兼容性测试　安装卸载测试　工程图

附图 2-1　测试用例模板—测试用例汇总页

后续为每个测试分类安排一个 Sheet 页，Sheet 页格式见附图 2-2。

用例编号	测试项目	测试标题	重要级别	预置条件	输入	执行步骤	预期输出	用例状态	对应缺陷ID	用例设计者	用例执行者
SRS001-001	功能测试-功能模块1										
SRS001-002	功能测试-功能模块1										

备注：

重要级别主要依据被测需求的重要性，分为高、中、低三个级别。
用例的状态可选项有未执行、已通过、阻塞、免执行、未通过。

汇总页　功能测试用例　性能测试用例　兼容性测试　安装卸载测试　工程图

附图 2-2　测试用例模板—测试分类具体描述页

附录 3　测试缺陷模板

缺陷提交模板一般为 Excel 形式，分为“Bug 汇总页”（见附图 3-1）和“Bug 列表页”（见附图 3-2）。

XX系统-缺陷统计

测试项名称	按Bug严重程度（单位：个）					总计（单位：个）
	严重	很高	高	中	低	
登录						0
个人信息						
……						
合计（个）						
登录						
个人信息						
……						

附图 3-1　Bug 汇总页

XX系统缺陷报告

缺陷编号	模块名称	摘要	描述	缺陷严重程度	提交人	附件说明
1						
2						
3						
4						
5						

填表说明：
1．缺陷编号：从1开始，顺序递增
2．摘要：简要说明缺陷的表现
3．描述：说明该缺陷是如何产生的，需要分步骤写明
4．缺陷严重程度
严重：导致系统无法使用
很高：出现系统级错误
高：功能性错误
中：严重界面错误，不影响主功能、影响较小的缺陷
低：界面、提示信息错误或其他文字错误
5．提交人：发现Bug的测试工程师的名字

附图 3-2　Bug 列表页

附录 4 某企业测试报告模板

XX 项目测试报告

目 录

1. 引言

1.1 编写目的

说明这份测试分析报告的具体编写目的，指出预期的阅读范围。

1.2 项目背景

该软件的任务提出者、开发者、用户，指出测试环境与实际运行环境之间可能存在的差异，以及这些差异对测试结果的影响。

1.3 定义

对文中使用的术语和缩略语进行说明。

1.4 参考资料

本文件中各处引用的文件、资料，包括所要用到的软件开发标准。列出这些文件的标题、文件编号、发表日期和出版单位，说明这些文件资料的来源。

2. 测试概要

描述本次测试的测试依据、内容和目的，可以引用的测试计划中的相关内容。

列出每一项测试的标识符及其测试内容，并指明实际进行的测试工作内容与测试计划中预先设计的内容之间的差别，说明做出这种改变的原因。

分析测试的充分性，对测试的过程做出充分性评价，指出未被测试的特性或特性组合，并说明理由。

3. 测试环境

提示：描述测试环境，指出测试环境与实际运行环境的差异，分析并说明差异对测试结果可能带来的影响。

4. 测试结果

提示：对照测试计划中设定的测试内容描述测试结果（特别是关键测试结果），说明测试用例的执行情况、通过率等内容，对测试中未解决的问题进行描述，以便决策人进行决策。可以引用缺陷列表。

如果包括多项测试，则分章节描述每个测试的测试结果，如性能测试、功能测试。

5. 分析与建议

提示：对测试结果进行分析，对产品进行评价，提出建议。

① 根据测试发现的缺陷，说明重要缺陷对软件的影响，特别是累积影响。

② 测试覆盖率。

③ 缺陷解决率。

④ 缺陷分布。

⑤ ……

6. 测试活动总结

提示：总结主要的测试活动和事件，如人员整体水平、测试所用工具、每项主要测试活动所花费的时间等，以及整个测试过程安排是否合理，可以借鉴的好的实践和有待改进的方面。

7. 测试结论

提示：根据测试计划中设定的通过准则，判定该测试是否通过。

8. 缺陷列表

缺陷列表见附表 4-1。

提示：如果使用的缺陷管理工具能自动产生缺陷报表，则不需要本表。

附表 4-1 缺陷列表

缺陷编号	缺陷名称	发现人	状态	严重程度

练习题

1. 以下软件质量保证的目标中，（　　）是错误的。

A. 通过监控软件开发过程来保证产品质量

B. 保证开发出来的软件和软件开发过程符合相应标准与规程，不存在软件缺陷

C. 保证软件产品、软件过程中存在的问题得到处理，必要时将问题反映给高级管理者

D. 确保项目组制订的计划、标准和规程适合项目组需要，同时满足评审和审计需要

2.（　　）不会影响测试质量。

A. 用户需求频繁变化　　B. 测试流程不规范

C. 采用背靠背测试方式　　D. 测试周期被压缩

3. 关于软件质量的描述，正确的是（　　）。

A. 软件质量是指软件满足规定用户需求的能力

B. 软件质量特性是指软件的功能性、可靠性、易用性、效率、可维护性、可移植性

C. 软件质量保证过程就是软件测试过程

D. 以上描述都不对

4. 为了表示管理工作中各项任务之间的进度衔接关系，常用的计划管理用图是（　　）。

A. 程序结构图　　B. 数据流图　　C. E-R 图　　D. 甘特（Gantt）图

5. 项目管理的目标是，在有限的资源条件下保证项目的（　　）、质量、成本达到最优化。

A. 范围　　B. 时间　　C. 效率　　D. 效益

6. 不属于测试人员编写的文档是（　　）。

A. 缺陷报告　　B. 测试环境配置文档

C. 缺陷修复报告　　D. 测试用例说明文档

7. 在进行产品评价时，评价者需要对产品部件进行管理和登记，其完整的登记内容应包括（　　）。

① 部件或文档的唯一标识符。

② 部件的名称或文档标题。

③ 文档的状态，包括物理状态或变异方面的状态。

④ 请求者提供的版本、配置和日期信息。

A. ①③　　B. ①②　　C. ①③④　　D. ①②③④

8. 关于软件测试的说法，（　　）是不正确的。

A. 代码审查是代码检查的一种，是由程序员和测试员组成一个审查小组，通过阅读、讨论和争议，对程序进行静态分析的过程

B. 软件测试的对象不仅仅是程序，文档、数据和规程都是软件测试的对象

C. 白盒测试是通过对程序内部结构的分析、检测来寻找问题的测试方法

D. 单元测试是针对软件设计的最小单位——程序模块进行正确性检验的测试工作，它通常需要开发辅助的桩模块作为主程序调用被测模块来完成测试

9. 软件测试的对象包括（　　）。

A. 目标程序和相关文档　　B. 源程序、目标程序、数据及相关文档

C. 目标程序、操作系统和平台软件　　D. 源程序和目标程序

10. 测试经理的任务通常不包括（　　）。

A. 编写测试计划　　B. 选择合适的测试策略和方法

C. 建立和维护测试环境　　D. 选择和引入合适的测试工具

11. ALM 是一种（　　）工具。

A. 测试管理　　B. 功能测试　　C. 性能测试　　D. 白盒测试

12. 下列关于 Alpha 测试的描述中正确的是（　　）。

A. Alpha 测试需要用户代表参加　　B. Alpha 测试不需要用户代表参加

C. Alpha 测试是系统测试的一种　　D. Alpha 测试是验收测试的一种

13. 对于软件的 Beta 测试，下列描述正确的是（　　）。

A. Beta 测试就是在软件公司内部展开的测试，由公司专业的测试人员执行的测试

B. Beta 测试就是在软件公司内部展开的测试，由公司的非专业测试人员执行的测试

C. Beta 测试就是在软件公司外部展开的测试，由专业的测试人员执行的测试

D. Beta 测试就是在软件公司外部展开的测试，可以由非专业的测试人员执行的测试

14. 测试管理工具可能包括的功能为（　　）。

① 管理软件需求。　② 管理测试计划。

③ 缺陷跟踪。　④ 测试过程中各类数据的统计和汇总。

A. 除①之外　　B. 除②之外　　C. ①②　　D. ①②③④

15. 不属于界面元素测试的是（　　）。

A. 窗口测试　　B. 文字测试　　C. 功能点测试　　D. 鼠标测试

16. 一般来说，可复用的构件相对于在单一应用中使用的模块具有较高的质量保证，其主要原因是（　　）。

A. 可复用的构件在不断复用的过程中，其中的错误和缺陷会被陆续发现，并得到及时排除

B. 可复用的构件首先得到测试

C. 可复用的构件一般规模较小

D. 第三方的构件开发商能提供更好的软件维护服务

17. 下面的①~④是关于软件评测师工作原则的描述，正确的判断是（　　）。

① 对于开发人员提交的程序必须进行完全的测试，以确保程序的质量。

② 必须合理安排测试任务，做好周密的测试计划，平均分配软件各个模块的测试时间。

③ 在测试之前需要与开发人员进行详细的交流，明确开发人员的程序设计思路，并以此为依据开展软件测试工作，最大限度地发现程序中与其设计思路不一致的错误。

④ 要对自己发现的问题负责，确保每一个问题都能被开发人员理解和修改。

A．①②　　B．②③　　C．①③　　D．无

18．根据软件测试管理的规范要求，在下列活动中，（　　）不属于测试计划活动。

A．定义测试级别　B．确定测试环境　C．设计测试用例　D．估算测试成本

19．测试计划主要由（　　）负责制订。

A．测试人员　　B．项目经理　　C．开发人员　　D．测试经理

20．不属于功能测试用例构成元素的是（　　）。

A．测试数据　　B．测试步骤　　C．预期结果　　D．实测结果

21．通常，测试用例很难100%覆盖测试需求，因为（　　）。

① 输入量太大。　　② 输出结果太多。

③ 软件实现途径多。　　④ 测试依据没有统一标准。

A．①②　　B．①③　　C．①②③　　D．①②③④

22．测试用例是测试使用的文档化的细则，其规定了如何对软件某项功能或功能组合进行测试。测试用例应包括下列（　　）内容的详细信息。

① 测试目标和被测功能。

② 测试环境和其他条件。

③ 测试数据和测试步骤。

④ 测试记录和测试结果。

A．①③　　B．①②③　　C．①③④　　D．①②③④

23．功能测试执行后一般可以确认系统的功能缺陷，缺陷的类型包括（　　）。

① 功能不满足隐性需求。

② 功能实现不正确。

③ 功能不符合相关的法律法规。

④ 功能易用性不好。

A．①　　B．①②③　　C．②③④　　D．②

24．缺陷探测率（DDP）是衡量一个公司测试工作效率的软件质量成本的指标。在某公司开发一个软件产品的过程中，开发人员自行发现并修正的缺陷数量为80个，测试人员A发现的缺陷数量为50个，测试人员B发现的缺陷数量为50个，测试人员A和测试人员B发现的缺陷不重复，客户反馈的陷数量为 50 个，则该公司针对本产品的缺陷探测率为（　　）。

A．56.5%　　B．78.3%　　C．43.5%　　D．34.8%

25．（　　）是导致软件缺陷的最大原因。

A．需求规格说明书　B．设计方案　　C．编写代码　　D．测试计划

26．在缺陷管理系统中，缺陷的状态为Fixed表示（　　）。

A．新建　　B．打开　　C．拒绝　　D．已经修复

27．在缺陷管理工具中，缺陷的状态为Rejected表示（　　）。

A．新建　B．打开　C．拒绝　D．已经修复

28．导致软件缺陷的原因有很多，①～④是可能的原因，其中最主要的原因包括（　　）。

① 软件需求说明书编写得不全面、不完整、不准确，而且经常更改。
② 软件设计说明书。
③ 软件操作人员的水平。
④ 开发人员不能很好地理解需求说明书和沟通不足。
A. ①②③　　B. ①③　　C. ②③　　D. ①④
29. 测试报告不包含的内容有（　　）。
A. 测试时间、人员、产品、版本　　B. 测试环境配置
C. 测试结果统计　　D. 测试通过/失败的标准
30. 测试记录包括（　　）。
① 测试计划或包含测试用例的测试规格说明。
② 测试期间出现问题的评估与分析。
③ 与测试用例相关的所有结果，包括在测试期间出现的所有失败。
④ 测试中涉及的人员身份。
A. ①②③　　B. ①③④　　C. ②③　　D. ①②③④
31. 正式的技术评审（Formal Technical Review，FTR）是软件工程师组织的软件质量保证活动，下面关于 FTR 指导的原则中不正确的是（　　）。
A. 评审产品，而不是评审生产者的能力
B. 要有严格的评审计划，并遵守日程安排
C. 对评审中出现的问题要充分讨论，以求彻底解决
D. 限制参与者人数，并要求在参加评审会之前做好准备
32. 软件测试团队的组织形式，一般可分为（　　）和基于技能的组织模式。
A. 基于测试的组织模式　　B. 基于项目的组织模式
C. 基于团队的组织模式　　D. 基于软件的组织模式
33. 测试人员（Tester）在软件配置管理中的工作主要是（　　）。
A. 根据配置管理计划和相关规定，提交测试配置项和测试基线
B. 建立配置管理系统
C. 提供测试的配置审计报告
D. 建立基线
34. 如果没有做好配置管理工作，那么可能会导致（　　）。
① 开发人员相互篡改各自编写的代码。
② 集成工作难以开展。
③ 问题分析和故障修正工作被复杂化。
④ 测试评估工作受阻。
A. ①③　　B. ②④　　C. ①②③　　D. ①②③④
35. 对于测试过程来说，（　　）要纳入软件测试配置管理。
A. 测试对象、测试材料和测试环境　　B. 问题报告和测试材料
C. 测试对象　　D. 测试对象和测试材料
36. 在项目策划中，（　　）负责编写配置管理计划。

A．项目经理　　　B．测试经理　　　C．SCM 人员　　　D．项目组成员

37．在项目策划中，（　　）负责编写软件质量保证计划。

A．项目经理　　　B．SQA 代表　　　C．SCM 代表　　　D．文档负责人

38．简述软件测试的流程以及主要输出。

39．简述软件测试需求分析的步骤。

40．简述软件测试计划包含的主要内容。

41．简述测试用例的主要属性。

42．简述缺陷的生命周期过程。

43．结合实际经验，说明如何才能撰写一个合格的缺陷报告。

44．简述软件测试报告包含的主要内容。

参 考 文 献

[1] （美）Karl Wiegers，Joy Beatty，著．李忠利，李淳，译．软件需求（第3版）．北京：清华大学出版社，2016.

[2] （美）Project Management Institute，著．许江林，等译．项目管理知识体系指南（PMBOK指南）（第5版）．北京：电子工业出版社，2013.

[3] 贺平．软件测试教程（第2版）．北京：电子工业出版社，2012.

[4] 吕云翔．软件工程理论与实践．北京：机械工业出版社，2017.

[5] 秦航，等．软件质量 CMMI® for Development (CMMI-DEV)，Version 1.3. http://cmmiinstitute.com/cmmi-models

[6] 保证与测试（第2版）．北京：清华大学出版社，2017.

[7] 刘文红，等．基于 CMMI 的软件工程实施：高级指南．北京：清华大学出版社，2016.

[8] 孙洋. ISO/IEC 25010 质量模型标准现状．《信息技术与标准化》2008 年第 11 期.

[9] 王茂森.软件质量的重要性及提高方法．《山东省农业管理干部学院学报》2007 年 1 月.

[10] GB/T 8567-2006　计算机软件文档编制规范. http://www.zbgb.org/2/StandardDetail526795.htm

[11] GB/T 15532-2008　计算机软件测试规范. http://www.zbgb.org/2/StandardDetail526795.htm

[12] http://wiki.mbalib.com/zh-tw/5W1H 分析法

[13] http://wiki.mbalib.com/wiki/项目管理知识体系

[14] http://www.51testing.com/html/65/n-1435165.html

[15] http://info.chinabyte.com/225/12625225.shtml

[16] https://baike.baidu.com/item/α测试/1924836?fr=aladdin&fromid=7555188&fromtitle=Alpha 测试

[17] http://www.51testing.com

[18] https://www.bugzilla.org/

[19] 王廷永，黄松．测试用例自动生成技术综述[J]．电子技术与软件工程，2021(18):51-53.

[20] 杨鹏，等．群体智能协作测试实战案例集．北京：人民邮电出版社，2022.